GIS设备监造
关键点见证技术

吴娅　杨翠茹　苏琇贞　姚聪伟　赖颖东
丁晓飞　雷璟　林永茂　蔡玲珑
—————— 编著 ——————

中国电力出版社
CHINA ELECTRIC POWER PRESS

内 容 提 要

气体绝缘金属封闭开关（GIS，也称组合电器）设备以其结构紧凑、占地面积小、维护方便等优点，在高压、超高压输电领域得到了广泛应用。

本书系统介绍了 GIS 设备及其监造关键点，全面介绍了 GIS 类别、制造工艺、各阶段生产制造工艺见证要点，内容涵盖 GIS 的特点、类别、结构、关键制造工艺，及其从生产组装、出厂试验至包装发运等阶段的见证要点，以及各阶段发生的典型案例等。通过对典型案例的剖析，总结了 GIS 在生产组装、出厂试验、包装发运过程中易发生的问题。

本书可作为从事 GIS 质量监督人员技术培训用书，也可供从事 GIS 研究、设计、制造、运行、检修等工作的技术人员和管理人员使用，并可供相关专业师生参考。

图书在版编目（CIP）数据

GIS 设备监造关键点见证技术 / 吴娅等编著 .

北京：中国电力出版社，2025. 3. -- ISBN 978-7-5198-9994-3

Ⅰ. TM564

中国国家版本馆 CIP 数据核字第 2025YS3803 号

出版发行：中国电力出版社
地　　址：北京市东城区北京站西街 19 号（邮政编码 100005）
网　　址：http://www.cepp.sgcc.com.cn
责任编辑：赵鸣志（010-63412385）
责任校对：黄　蓓　郝军燕
装帧设计：赵丽媛
责任印制：吴　迪

印　　刷：三河市万龙印装有限公司
版　　次：2025 年 3 月第一版
印　　次：2025 年 3 月北京第一次印刷
开　　本：787 毫米 1092 毫米　16 开本
印　　张：13.75
字　　数：238 千字
印　　数：0001—1000 册
定　　价：70.00 元

前 言

随着电力工业的快速发展，气体绝缘金属封闭开关（GIS）作为电力系统中的重要组成部分，其安全性、可靠性和稳定性对于电网的运行至关重要。GIS 设备以其结构紧凑、占地面积小、维护方便等优点，在高压、超高压输电领域得到了广泛应用。然而，GIS 设备在生产、安装、运行和维护过程中，由于不同的原因可能会出现各种缺陷，这些缺陷如果不及时发现和处理，会对电网的安全运行构成严重威胁。

为提升设备质量，强化监造管理，指导现场监造人员进行现场监造，保证监造现场见证工作顺利开展，特编写此书。本书参照电网企业监造工作环节相关要求，同时将日常发现的问题进行汇总，总结了 GIS 设备可能出现的各种缺陷类型、产生原因、排查方法及处理措施，系统地介绍 GIS 设备的关键点见证技术以及典型缺陷的分析处理方法，有利于监造人员快速查找监造相关要求，现场监造人员可直接参考查阅。

由于编写时间和编者水平所限，书中不足之处在所难免，诚请各位读者批评指正。

编 者

2024 年 10 月

目 录

第一章 概 述

第一节 GIS 特点

目前我国高压开关电器设备主要有三大类，一类是空气绝缘开关设备，也称为敞开式开关设备（air-insulated switchgear，AIS），由单一功能的独立单元组成，单元之间采用架空线连接，空气绝缘。AIS 占地面积大，带电部分外露较多，设备性能受环境影响较大。AIS 典型产品有瓷柱式断路器、高压隔离开关等。另一类是 GIS，是指至少部分采用高于大气压的气体作为绝缘介质的金属封闭开关设备和控制设备。GIS 一般利用 SF_6 气体的高绝缘性能，将变电站中除变压器以外的大部分一次设备，包括断路器、隔离开关、接地开关、电压互感器、电流互感器、避雷器、母线、电缆终端、进出线套管等，经优化设计有机地组合成一个整体。第三类介于 AIS 和 GIS 之间，称为复合式组合电器（hybrid gas-insulated switchgear，H-GIS），是以罐式断路器为基础的 GIS，其母线采用敞开式，其他部分采用 SF_6 气体绝缘金属外壳封闭。

一、SF_6 气体的特点

SF_6 气体在高压电器行业广泛应用。它是一种无色、无味、无臭、无毒的气体。高压电器产品使用的 SF_6 气体含有标准允许的杂质（如 CF_4 等），对人体也无伤害。但 SF_6 气体在电弧的作用下，可以分解为有毒物质，因此在产品检修时注意通风。选择 SF_6 气体作为绝缘介质，主要是利用它的特性中的三点：一是它的负电性，将其作为开关设备的绝缘和灭弧介质，能使开关性能大大提高；二是较低温度时具有良好导热性；三是高绝缘性，在高压设备中，SF_6 气体能够在电场作用下迅速恢复绝缘状态，有效防止电击穿，确保设备的安全运行。

二、GIS 的主要特点

GIS 在结构性能上有以下特点：

（1）由于采用 SF_6 气体作为绝缘介质，导电体与金属地电位壳体之间的绝缘距离大大缩小，因此 GIS 的占地面积和安装空间相比相同电压等级的 AIS 显著减小。电压等级越高，占地面积小的优势越明显，如 110kV 变电站中，GIS 与敞开式设备占地面积之比为 1：3；而对 220kV 变电站，GIS 与敞开式设备占地面积之比为 1：8。

（2）全部电气元件都被封闭在接地的金属壳内，带电体不暴露在空气中（除了采用架空引出线的部分），运行中受自然条件影响较小。

（3）SF_6 气体是不燃不爆的惰性气体，所以 GIS 属防爆设备，适合在城市中心地区和其他防爆场合安装使用。

（4）GIS 主要组装调试工作已在制造厂内完成，现场安装和调试工作量较小，因而可以缩短变电站安装周期。

（5）只要产品的制造和安装调试质量得到保证，在使用过程中除了断路器需要定期维修外，其他元件几乎无须检修，因而维修工作量和年运行费用大为降低。

（6）GIS 价格比较贵，变电站建设一次性投资大。但选用 GIS 后，变电站的土地和年运行费用很低，因而从总体效益讲，选用 GIS 有很大的优越性。

第二节　GIS 分类

一、按结构型式分类

根据充气外壳的结构形状，GIS 可以分为圆筒形和柜形两大类。圆筒形 GIS 依据主回路配置方式，还可分为单相 - 壳型（即分相型）、部分三相 - 壳型（又称主母线三相共筒型）、全三相 - 壳型和复合三相 - 壳型四种；柜形 GIS 又称 C-GIS，俗称充气柜，依据柜体结构和元件间是否隔离可分为箱型和铠装型两种。

在柜形 GIS 的箱型结构中，又可分为分相型 GIS 和三相共箱式 GIS 两类。

分相型 GIS 的最大特点是相间影响小，运行中不会出现相间短路故障，而且带电部分与接地外壳间采用同轴电场结构，电场的均匀性问题较易解决，制造也较方便。

三相共箱式 GIS 的结构紧凑，外形尺寸和外壳损耗都较小；但是，其内部电场由三相电压构成，壳体内不同相导体承受相电压，电场均匀度设计难度较大，存在相间短路可能。

二、按绝缘气体封闭部分分类

按绝缘气体封闭部分不同，可以分为 GIS 和 H-GIS 两类。前者是全封闭的，而后者则有两种情况：一种是除母线外，其他元件均采用气体绝缘，并构成以断路器为主体的复合电器；另一种则相反，只有母线采用气体绝缘的封闭母线，其他元件均为常规的敞开式电器。

三、按主接线方式分类

按主接线方式不同，常见的有单母线、双母线、单（双）母线分段、3/2 断路器接线、桥型和角型等多种接线方式。

四、按安装场所分类

按安装场所不同，可以分为户内型和户外型。

第三节　GIS 主要组成元器件

GIS 由断路器（QF）、隔离开关（QS）、接地开关（ES）、电压互感器（TV）、电流互感器（TA）、避雷器（F）、母线（BUS）、套管（BSG）、电缆连接头及其他部件等组成。

一、断路器

（一）断路器的功能

安装并运行在电力系统的断路器，包括 GIS 中的断路器，无论电力线路处于什么状态，例如空载、负载或短路故障，当要求断路器动作时，它都能可靠地动作（关合或是开断电路）。概括地讲，断路器在电网中起着两方面的作用：

（1）控制作用。根据电网运行需要，用断路器把一部分电力设备或线路投入或退出运行。

（2）保护作用。断路器还可以在电力线路或设备发生故障时，将故障部分从电网中快速切除，保证电网中的无故障部分正常运行。

（二）断路器的电气性能

断路器的电气性能应满足 GIS 通用技术条件的要求，并具有以下主要电气性能：

1. 绝缘性能

在正常使用和性能条件下，断路器应能长期承受额定电压的作用和短时承受雷电冲击过电压、操作冲击过电压等过电压的作用，而不会导致绝缘性能的损坏。

2. 承载电流性能

断路器长期通过额定电流时，各部分温度不会超过规定值；短时通过各种短路电流时，不会因发热而导致触头熔化，也不会因过大的电动力导致部件损坏。

3. 开断和关合性能

能够快速开断不超过其额定短路开断能力的各种短路故障电流，而且在不检修的情况下，还应具备多次开断短路电流的能力；同时还能关合故障电流；另外，开断和关合空载线路充电电流、开断近区故障电流，失步开断也是对断路器的基本要求。

4. 自动重合闸性能

为了增加供电的可靠性和电力系统的稳定性，同时也为了减少停电时间，线路保护多采用快速自动重合闸的保护方式。因此，断路器应具有快速重合闸的能力和连续开断短路电流的能力。

（三）断路器的工作原理

断路器是 GIS 的中核心部件，结构如图 1-1 所示，由灭弧室及操动机构等组成。灭弧室封闭在充气壳体内，其结构如图 1-2 所示。断路器按灭弧原理可分为压气式、自能式和混合式。断路器的常见操动机构一般有液压操动机构、气动操动机构、弹簧操动机构及液压弹簧混合操动机构。

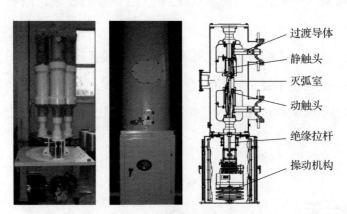

图 1-1　断路器结构图

当接到断路器分闸命令后，机构输出杆带动绝缘拉杆拉动动触头运动部分进行分闸操作，当动、静触头尚未脱离接触前，压气缸内的气体仅被压缩；在动、静触头脱离接触至主喷口打开前，压气缸内被压缩的气体仅通过动触头侧中心导气管向外吹排；在此阶段，压气缸内的气体被机械压缩的同时也承受着电弧的加热作用，更增加了压气缸内的气压；当动弧触头运动至喷口打开时，压气缸内的高压气体同时通过喷口及动触头侧

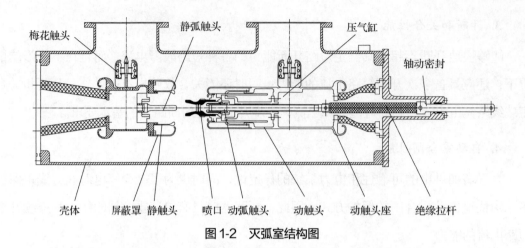

图 1-2　灭弧室结构图

中心导气管吹喷形成双向气吹。这种高速气吹的 SF_6 气体可以从电弧区吸取大量的热能，以快速冷却电弧，给熄弧创造了良好条件；当断口达到有效熄弧距之后，在电流过零点时，电弧将熄灭，电流被切断。电弧熄灭后，SF_6 气体的负电性使它还能够迅速地吸附断口间的游离电子，以恢复断口间的绝缘强度。

GIS 中的断路器与其他电器元件必须分为不同的气室，其原因主要有：

（1）由于断路器气室内 SF_6 气体压力的选定要满足灭弧和绝缘两方面的要求，而其他电器元件内 SF_6 气体压力只需考虑绝缘性能方面的要求，两种气室的 SF_6 气压不同。

（2）断路器气室内的 SF_6 气体在电弧高温作用下可能分解成多种有腐蚀性和毒性的物质，在结构上不连通就不会影响其他气室的电器元件。

（3）断路器的检修概率比较高，气室分开后要检修断路器时不会影响到其他电器元件，因而可缩小检修范围。

二、隔离开关

（一）隔离开关的功能

1. 检修与分段隔离

利用隔离开关断口的可靠绝缘能力，使需要检修或分段的线路与带电的线路相互隔离。

2. 根据需要换接线路

隔离开关在断口两端接近等电位的条件下，可以进行分、合闸操作，进行交换母线或者在其他不长的并联线路上连接接线。

3. 分、合空载线路

利用隔离开关断口在分开时将电弧拉长和空气（在 GIS 中为 SF_6 气体）的自然熄弧能力，分、合一定长度的母线转换电流、电缆或架空线路的容性、感性电流，以及分、合一定容量的变压器空载励磁电流。母线转换电流指当隔离开关将负荷从一个母线系统转换到另一个母线系统时隔离开关能够开合的电流。

4. 快速隔离开关

这类隔离开关具有快速分开断口的功能，在一定条件下与具有关合一定短路电流的接地开关、上一级断路器配合使用，能迅速地隔离已发生故障的设备和线路。在 GIS 变电站设计中，快速隔离开关通常配置在进出线间隔的母线侧，具有开合母线转换电流的能力。

（二）隔离开关的工作原理

隔离开关由操动机构、传动连杆、绝缘拉杆、导体、中间触头、动触头、梅花型静触头等组成，图 1-3 所示为工位隔离开关的内部结构。操动机构动作带动绝缘拉杆转动，与绝缘拉杆端部连接的齿轮随之转动，从而驱动与齿轮啮合的齿条带动动触头成直线运动。

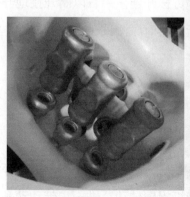

图 1-3　工位隔离开关的内部结构

动触头用弹簧加载，使隔离开关具有高的电性能和高的机械可靠性。隔离开关必须精心设计和试验，使之能开断小的充电电流，而不会产生太高的过电压，否则会发生对地闪络。隔离开关和接地开关的操动机构对大多数 GIS 为同一设计。其主要特点是电动或手动操作，电气连锁以防误操作，且终端位置可机械连锁。

三、接地开关

（一）接地开关的功能

快速接地开关为 GIS 特有，通常不用于空气绝缘开关设备，其主要用途与空气绝缘开关设备中的接地开关及 GIS 内非故障触发接地开关相同，也与用钩棒制成的便携式人员接地连接用途相同。

快速接地开关具有关合通电导体的额外能力，能够形成短路，但对开关或外壳不产生明显伤害。快速接地开关用于电站各种有源元件如输电线路、变压器组和主母线的接地。在一些 GIS 设备中，快速接地开关被用来启动保护继电器功能，它们通常不用于断路器或电压互感器接地。快速接地开关还被设计用于开断平行输电线路断电时产生的及通电输电线路附近产生的静电感应容性电流和电磁感应电感电流，并进行相应试验。快速接地开关也能去除输电线路上的直流捕获电荷。

快速接地开关通常配备电动弹簧机构以帮助刀开关快速分合，确定开关位置方法一般与隔离开关相同。

基于设计和用户维护措施，接地开关可能需要外部可移开连接装置以断开接地开关与外部地电位的连接。这些可移开连接装置便于进行断路器时序测试、电阻测试和电流互感器测量。

（二）接地开关的工作原理

接地开关由操动机构、传动连杆、中间触头、动触头、梅花型静触头、导体等组成。操动机构带动连杆转动，从而带动接地开关中的绝缘拐臂转动，进一步带动动触头做直线运动。

通常用的接地开关有两种型式：故障检修用接地开关和快速接地开关。故障检修用接地开关用于变电站内作业，只有在高压系统不带电情况下方可操作。快速接地开关可在全电压和短路条件下关合。快速关合操作靠弹簧合闸装置来实现，快速接地开关应具有关合2次额定短路电流的能力。

四、电压互感器

（一）电压互感器的功能

通常电压互感器与避雷器一起装置在出线间隔；或与隔离开关（DS）、ES、避雷器一起组成测量保护间隔，连接在主母线上，如图1-4所示。其主要功能如下。

图1-4　电压互感器

（1）测量所在线路或母线的电压，以向指示仪表（如电压表）、计量仪器（如功率表）提供电压数值。

（2）利用电压互感器的剩余绕组（组成三相组的单相电压互感器的一个绕组），联结成开口三角形：①在发生接地故障时，产生剩余电压；②阻尼铁磁谐振。

（二）电压互感器的工作原理

大多数电压互感器为感应型。电压互感器可以布置在间隔线路侧或母线上，由铁芯、一次绕组、二次绕组、剩余绕组组成，绕组额定变比及容量等可按用户要求来设计和配置。二次回路的引出线通过密封的绝缘板引到端子盒，并引至汇控柜内，为继电保护装置和测量仪表提供电压信号。

五、电流互感器

（一）电流互感器的功能

电流互感器如图 1-5 所示，在线路正常运行状态和过载及短路故障时测量电流，为测量仪表和继电保护装置提供电流参数。

图 1-5　电流互感器

电流互感器的主要用途有：

（1）将大电流按一定比例变换为普通仪表可测量的小电流，对线路的电流进行测量，对电力系统和设备进行保护。

（2）使测量仪表、继电保护装置与线路高电压隔离，以保证运行人员和二次电气设备的安全。

（3）将线路电流变换成统一的标准值，以利于仪表和继电保护装置的标准化、小型化，通常电流互感器的二次侧绕组的额定电流为 1A 或 5A。

（二）电流互感器的工作原理

电流互感器是环型结构，布置在充满 SF_6 气体的壳体中。电流互感器的元件由电流互感器线圈、接线端子、法兰、导体和外壳等组成。一次绕组是高压导体，二次绕组的数量、变比、精度等级、容量可按用户要求来设计和配置。二次端子通过密封的绝缘板引到端子盒，并引至汇控柜内，为继电保护装置和测量仪表提供电流信号。

在单相式 GIS 中，电流互感器的铁芯一般位于壳体外侧，确保壳体和导体之间的电场完全不受干扰。壳体内的返回电流被绝缘层隔断。在三相共筒 GIS 设计中，电流互感器的铁芯一般在壳体内。

六、避雷器

（一）避雷器的功能

避雷器（surge arrester）如图 1-6 所示，是一种能释放雷电或电力系统操作过电压的能量，保护电工设备免受瞬时过电压危害，又能截断续流，不致引起系统短路的电气装置。避雷器通常接于带电导线与地之间，与被保护设备并联。当过电压值达到规定的动作过电压时，避雷器立即动作，流过电荷，限制过电压幅值，保护设备绝缘；电压正常后，避雷器又迅速恢复原状，以保证系统正常供电。

图 1-6 避雷器

金属氧化物避雷器（metal oxide arrester，MOA），又称氧化锌避雷器。氧化锌避雷器由氧化锌电阻片组装而成，具有良好的非线性伏安特性。在正常工频电压下，具有极高的电阻，呈绝缘状态。在过电压作用下，则呈低阻状态，使与之并联电器设备的残压被抑制在设备绝缘安全值以下，待过电压消失后，又恢复高阻绝缘状态，从而保护电器设备的绝缘免受过电压损害。

GIS 用罐式无间隙金属氧化物避雷器是 GIS 的保护元件，用于保护 GIS 的电气设备绝缘免受雷电和部分操作过电压的损害。GIS 用 MOA 在正常运行电压下，基本处于绝缘状态，当作用在 MOA 上的电压超过一定值时，氧化锌电阻片导通，放电电流经过避雷器泄入大地。此时其残压不会超过被保护设备的耐受电压值，达到了保护线路和设备的目的。过电压消除后，避雷器又恢复到正常运行电压下的工作状态。

（二）避雷器的工作原理

避雷器为无间隙金属氧化物避雷器。每相密封在一个充 0.5MPa SF_6 气体的接地金属罐体中，并配有放电计数器及泄漏电流测试仪。避雷器可以布置在间隔线路侧或母线上，采用等电位梯度无间隙式氧化锌避雷器，氧化锌阀片具有优良的非线性特性和很高的能量吸收能力。侧面安装的在线监测装置用来监测泄漏电流数值及记录放电次数。SF_6 避雷器的主要元件如同普通避雷器，但它结构很紧凑。火花间隙元件密封，与大气隔绝。整个避雷器用干燥压缩气体绝缘，使性能高度稳定。在 SF_6 避雷器中，金属接地部分与带电部分靠得很近，因此，要特别注意补偿电压沿避雷器元件的非线性分布。

七、套管

套管是"套管绝缘子"的简称，它的主要功能是作为高压封闭式组合电器的引出，用于 GIS/H-GIS 与变压器、高压母线及线路的连接。

架空线或所有空气绝缘件用空气 /SF_6 气体套管连至 GIS。这些套管使用电容均压，并被间隔绝缘子分成两个独立的隔室。被瓷绝缘子包围的间隙，充有略高于大气的 SF_6 气体。当电瓷受损时，这就将风险减至最小。在间隔绝缘子开关设备侧的气隙中，亦充同样压力的 SF_6 气体。充油电容器套管亦可用于高压，即将 GIS 直接连至变压器。

八、电缆终端

电缆终端也可称为电缆连接装置，如图 1-7 所示。大多用于 252kV 及以下电压等级的 GIS 户内变电站，作为 GIS 的引出线装置，如与安装于户内不同楼层的变压器或电缆出线连接。

GB/T 22381—2008《额定电压 72.5kV 及以上气体绝缘金属封闭开关设备与充流体及挤包绝缘电力电缆的连接　充流体及干式电缆终端》给出了电缆终端（cable-termination）的定义，安装在电缆末端、与系统的其他部分保证电气连接并保持直到连接点绝缘的设备。该标准中描述的电缆终端有两种类型，一种是充流体电缆终端（fluid filled cable-termination），电缆的绝缘与开关设备的气体绝缘间有一隔离绝缘锥的电缆终端，这种电缆终端所包含的绝缘流体作为电缆连接装置的一部分。另一种是干式电缆终端（dry typecable-termination），含有一个与位于电缆绝缘和开关设备气体绝缘间的隔离绝缘锥密切接触的弹性电场强度控制元件的电缆终端，这种电缆终端不需要任何绝缘流体。本文介绍 / 描述的 GIS 电缆终端为充 SF_6 气体的电缆终端。电缆连接装置（cable connection assembly），是实现电缆与 GIS 的机械及电气连接的电缆终端、电缆连接的外壳及主回路末端的组合。

图 1-7　电缆终端

各种类型的高压电缆，均可通过电缆终端盒连至 SF_6 开关设备。它包括带连接法兰的电缆终端套管、壳体及带有插接头的间隔绝缘子。气密套管将 SF_6 气室与电缆绝缘介质分开。连至 GIS 的一个完整的交联聚乙烯（XLPE）电缆终端，具有尺寸小且热特性更好的优势。

九、母线

母线如图 1-8 所示，是 GIS 与变压器、出线装置及间隔之间、元件之间电气连接的主要设备。将变电站中的母线及 GIS 设备与出线装置（如进出线套管）连接的导体设计成"气体绝缘金属封闭输电线路"型式，即为 GIS 的母线。所以，母线是 GIS 的基本元件之一，通过导电连接件和 GIS 其他元件连通，满足不

图 1-8　母线

同的主接线方式，来汇集、分配和传送电能。

母线多由铝合金管制成，母线两端插入梅花触头或表带形触头座里，母线是由环氧树脂浇铸的盆形绝缘子或母线绝缘子支撑着。各间隔通过各自封闭的母线直接连通，或通过延伸模块连接。有的做成模块，包括一个三工位开关，也可以和一个母线侧的接地开关（插入式）的功能组合。

GIS 的母线筒结构有共体式结构和全分箱式结构两种型式。

（一）共体式结构

1. 全三相共体式结构

不仅三相母线，而且三相断路器和其他电器元件采用共箱筒体。

2. 不完全三相共体式结构

母线采用三相共箱式，而断路器和其他电器元件采用分箱式。

（二）全分箱式结构

包括母线在内的所有电器元件都采用分箱式筒体。

十、其他设备

（一）GIS 接地

GIS 壳体对整个 GIS 构成整体和接地、屏蔽体。壳体材料有铝合金和钢两种，钢材料的优点是强度高，缺点是存在环流和涡流损耗，加工不易成型。现在新的 GIS 壳体材料都朝铝合金方向发展。

GIS 系密集型布置结构方式，对其接地问题要求很高，一般要采取下列措施：

（1）接地网应采用铜质材料，以保证接地装置的可靠和稳定；所有接地引出线端都必须采用铜排，以减小总的接地电阻。

（2）由于 GIS 各气室外壳之间的对接面均设有盆式绝缘子或者橡胶密封垫，两个筒体之间均需另设跨接铜排，且其截面需按主接地网截面考虑。

（3）在正常运行，特别是电力系统发生短路接地故障时，外壳上会产生较高的感应电动势。为此要求所有金属筒体之间要用铜排连接，并应有多点与主接地网相连，以使感应电动势不危及人身和设备（特别是控制保护回路设备）的安全。

一套 GIS 外壳需要几个点与主接地网连接的问题，要由制造厂根据订货单位所提供的接地网技术参数来确定。

（二）气隔

GIS 内部相同压力或不同压力的各电器元件的气室间设置的使气体互不相同的密封间隔称为气隔。设置气隔有以下好处：

（1）可以将不同 SF_6 气体压力的各电器元件分隔开。

（2）特殊要求的元件（如避雷器等）可以单独设立一个气隔。

（3）在检修时可以减少停电范围。

（4）可以减少检修时 SF_6 气体的回收和充放气工作量。

（5）有利于安装和扩建工作。

（三）压力释放等保护装置

当 GIS 内部母线管或元件内部等出现故障时，如不及时切除故障，外壳将被电弧烧穿。如果电弧能量使 SF_6 气体的压力上升过高，还可能造成外壳爆炸。因此 GIS 和 SF_6 断路器除装设完善的保护装置外，还应装设快速接地开关或其他压力释放装置。快速接地开关是由故障电流作为启动能量的，只要故障电流达到动作值，快速接地开关就会合闸，启动断路器跳闸，切除故障。对于 SF_6 气室较大的 GIS，由于气体压力升高缓慢，气体压力升高幅度也较小，使用压力释放装置已起不到保护作用，应装设快速接地开关。对于 SF_6 气室较小的 GIS 或者支柱式 SF_6 断路器，由于气体压力升高速度较快，气体压力升高幅度大，压力释放装置对其较为敏感，使用压力释放装置的可靠性也较高。

压力释放装置分为以下两类：一类是以开启和闭合压力表示其特征的，称为压力释放阀，一般组装在 GIS 或罐式断路器上；另一类是开启后不能再闭合的，称为防爆膜，一般装在支柱式 SF_6 断路器上。

（四）伸缩节

GIS 相邻外壳间相接部分的连接，具备波纹管等型式的弹性接头。它主要用来吸收母线管因温度变化引起的机械应力，调节母线管在安装过程中产生的装配误差。

第二章　GIS 关键制造工艺

第一节　机械加工

高压开关产品中核心零部件的制造过程无一不涉及机械加工，通过柔性、复合、单元生产方式形成导体、触头、压气缸等专业化数控加工单元，既能保证加工质量的稳定性及典型零部件的专业化批量生产，也能保证零部件高度一致性。零部件机械加工向精密制造、数字化制造发展，是机械加工技术特色。数控等离子切割机如图 2-1 所示，关键零部件加工制造车间运作情况如图 2-2 所示。

图 2-1　数控等离子切割机

图 2-2　关键零部件加工制造车间运作情况

机械加工是指通过改变毛坯的形状、尺寸、相对位置和性质使其成为合格零件的全过程。

具体工艺流程如下：

（1）制订生产计划，确定生产类型。

（2）分析零件图及产品装配图，对零件进行工艺分析。

（3）选择毛坯。

（4）拟定工艺路线。

（5）确定各工序的加工余量，计算工序尺寸及公差。

（6）确定各工序所用的设备及刀具、夹具、量具及辅助工具。

（7）确定切削量。

（8）确定各主要工序的技术要求及检验方法。

（9）填写工艺文件。

第二节　真空浸胶

真空浸胶工艺是一种利用真空环境将树脂胶液均匀浸透到纤维材料中的技术。该工艺通过排除纤维材料中的空气和气泡，使树脂胶液能够充分浸透并固化，形成无气隙或少气隙的绝缘结构。这种绝缘结构具有较高的电气绝缘性能和机械强度，能够满足电器设备对绝缘件的高要求。

一、真空浸胶工艺特点

（一）无气隙或少气隙

真空浸胶工艺通过排除纤维材料中的空气和气泡，使树脂胶液能够充分浸透并固化，形成无气隙或少气隙的绝缘结构。

（二）电气绝缘性能好

由于无气隙或少气隙的存在，真空浸胶绝缘件具有较高的电气绝缘性能，能够承受高电压和高电流的冲击。

（三）机械强度高

树脂胶液固化后形成的绝缘结构具有较高的机械强度，能够承受一定的外力和压力。

（四）尺寸稳定性好

真空浸胶绝缘件在固化过程中能够形成稳定的结构，因此具有较好的尺寸稳定性。

二、真空浸胶工艺步骤

真空浸胶工艺主要步骤如下。

（一）原材料准备

选择适当的纤维材料（如无碱玻璃布、聚酯纤维布等）作为增强材料。

配制树脂胶液，树脂胶液通常由环氧树脂、固化剂、增韧剂和促进剂等组成，按一定比例混合均匀。

（二）预成型

将纤维材料按照所需的形状和尺寸进行预成型，如板、棒、管等。

确保预成型后的纤维材料尺寸准确、表面平整。

（三）真空浸胶

将预成型后的纤维材料放入真空浸胶设备中。

启动真空泵，对设备内部进行抽真空处理，使设备内部处于负压状态。

在负压状态下，将树脂胶液注入设备中，使胶液能够充分浸透纤维材料。

浸胶过程中，需要控制浸胶时间、温度和压力等参数，以确保浸胶效果。

（四）固化

将浸渍后的绝缘件置于模具中，并进行加热固化。

固化过程中，需要控制固化温度、时间和压力等参数，以确保树脂胶液能够完全固化并形成稳定的绝缘结构。

（五）后处理

固化后的绝缘件可能需要进行一些后处理，如切割、打磨、清洁等，以满足特定的应用要求。

后处理过程中需要注意保护绝缘件的表面和边缘，避免损伤和污染。

第三节　环氧浇注

环氧浇注件是开关中的关键元件，技术人员利用小型绝缘浇注设备对绝缘浇注的整个工艺过程不断地完善和细化，使得绝缘浇注件的质量稳定提高。

环氧浇注制造工艺流程，如图 2-3 所示。

环氧树脂浇注是将环氧树脂、固化剂和其他配合料浇注到设定的模具内，由热塑性流体交联固化成热固性制品的过程。由于环氧树脂浇注产品集优良的电性能和力学性能于一体，因此环氧树脂浇注在电器工业中得到了广泛的应用和快速的发展。从物料进入模具的方式来区分可分为浇注和压注。浇注指物料自流进入模具。它又分常压浇注和真空浇注。从物料固化温度来区分可分为常温浇注法和高温浇注法。现代浇注工艺中应用比较成熟的浇注工艺方法主要是真空浇注法和自动压力凝胶法。

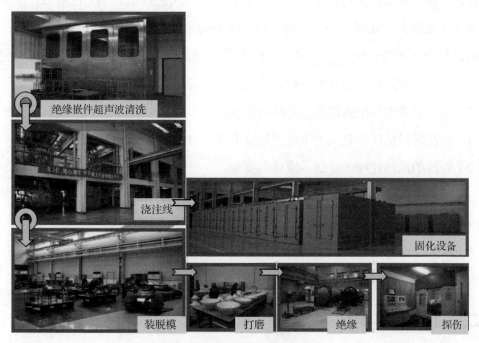

图 2-3　环氧浇注制造工艺流程

一、环氧浇注工艺类型

（一）真空浇注工艺

真空浇注工艺是目前环氧树脂浇注中应用最为广泛、工艺条件最为成熟的工艺方法。对于一件环氧树脂浇注的电器绝缘制品，它要求外观完美、尺寸稳定、力学性能及电性能合格。它的这些性能取决于制件本身的设计、模具的质量、浇注用材料的选择、浇注工艺条件的控制等各个方面。环氧树脂真空浇注的技术要点就是尽可能减少浇注制品中的气隙和气泡。为了达到这一目的，在原料的预处理、混料、浇注等各个工序都需要控制好真空度、温度及工序时间。

（二）自动压力凝胶工艺

自动压力凝胶工艺是 20 世纪 70 年代初由瑞士 **CIBA-Geigy** 公司开发的技术。因为这种工艺类似于热塑性塑料注射成型的工艺方法，因此也称其为压力注射工艺。它的最为显著的优点是大大提高了浇注工效。自动压力凝胶工艺的特点：模具利用率高，生产周期短，劳动效率高；模具装卸过程中损伤程度低，模具使用寿命长；自动化程度高，操作人员劳动强度轻；制品成型性好，产品质量有所提高。

自动压力凝胶和真空浇注的主要区别在于：

（1）浇注材料是在外界压力下通过管道由注入口注入模具。

（2）物料的混料处理温度低，模具温度高。

（3）物料进入模具后，固化速度快，通常为十几分钟至几十分钟。

（4）模具固定在液压机上，模具加热由模具或模具固定板上的电热器提供。

（5）模具的合拆由液压机上的模具固定板移动来完成。

二、工艺具体流程

（一）绝缘嵌件超声波清洗

在环氧浇注前，绝缘嵌件需要进行彻底的清洗，以去除表面的油污、尘埃和其他杂质。

超声波清洗是一种高效的清洗方法，通过超声波在清洗液中产生的空化效应和直进流作用，对嵌件进行深度清洁。

（二）浇注线

浇注线是环氧浇注制造过程中的关键设备，用于将混合好的环氧树脂浇注到模具中。

在浇注前，需要确保浇注线的畅通无阻，并控制好浇注速度和温度，以保证浇注质量。

（三）固化设备

浇注完成后，环氧树脂需要在一定的温度和时间内进行固化。

固化设备通常包括加热装置和保温装置，通过控制温度和时间，使环氧树脂从液态转变为固态，并形成致密的绝缘层。

（四）装脱模

固化完成后，需要将 GIS 从模具中取出。

装脱模过程中需要注意操作平稳，避免对 GIS 造成损伤。

（五）打磨

脱模后的 GIS 可能存在一些毛刺、不平整等缺陷，需要进行打磨处理。

打磨过程中需要选择合适的打磨工具和打磨方法，以确保 GIS 的表面质量。

（六）绝缘处理

在打磨完成后，需要对 GIS 进行绝缘处理，以提高其绝缘性能。

绝缘处理通常包括涂覆绝缘漆、包覆绝缘材料等方法。

（七）出厂试验

为了确保 GIS 的质量，需要进行探伤检测。

探伤检测可以通过 X 射线、超声波等无损检测方法进行，以发现 GIS 内部可能存在的缺陷或问题。X 射线检测可以识别内部结构缺陷，如裂缝或气孔；绝缘试验可以评估绝缘性能，发现绝缘材料的老化或损坏；水压试验可以检测密封性和强度，发现泄漏或破裂。这些检测方法共同确保 GIS 设备在运行中的可靠性和安全性。

第四节　铸　　造

开关产品中广泛使用了铸造壳体和导体类零件，铸造件的特点是：零件的一致性好、批量生产后制造周期短、容易实现复杂结构、可以满足产品对空间结构的需求。铸造件的强度、气密性、机械加工是制造的关键，这些要素依靠先进的设备和先进的制造工艺技术保证。铸造按铸造方法分常压铸造和低压铸造，按浇注模分砂型铸造、金属型铸造。

铸造制造工艺流程如图 2-4 所示。

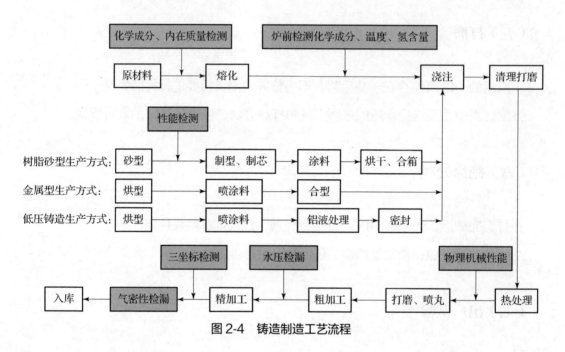

图 2-4　铸造制造工艺流程

一、铸造工艺类型

（一）树脂砂型铸造

树脂砂型铸造是一种利用树脂砂作为造型材料的铸造方法。其工艺流程主要包括以下几个步骤：

（1）模具制作。首先，需要根据铸件的设计要求，制作树脂砂的模具。模具设计需要考虑产品的设计要求、工艺要求、模具材料、尺寸精度等因素。

（2）造型。使用树脂砂填充模具，形成铸型。这个过程需要注意砂粒的粒度、砂型的紧实度及排气孔的设置。

（3）熔炼金属。准备好所需的金属材料，并将其熔炼成液态。

（4）浇注。将熔化的金属液倒入已准备好的树脂砂型中，待金属液凝固后，即可取出铸件。

（5）清理和加工。铸造完成后，需要清理铸件表面的砂粒和毛刺，并进行必要的加工以满足设计要求。

树脂砂型铸造的优点包括：铸件尺寸精度高、表面质量好、生产周期短等。但树脂砂型铸造的成本相对较高，且对操作工人的技术要求也较高。

（二）金属型铸造

金属型铸造是一种将液态金属浇入金属铸型中以获得铸件的铸造方法。其工艺流程主要包括以下几个步骤：

（1）模具制作。金属模具的制作需要考虑铸件的形状、尺寸及金属液的流动特性等因素。模具材料通常为钢或铸铁，可以反复使用多次。

（2）熔炼金属。准备好所需的金属材料，并将其熔炼成液态。

（3）浇注。将熔化的金属液倒入已预热的金属模具中，待金属液凝固后，即可取出铸件。

（4）清理和加工。铸造完成后，需要进行必要的清理和加工以满足设计要求。

（5）金属型铸造的优点。铸件机械性能高、尺寸精度高、表面粗糙度好等。此外，金属型铸造还可以实现较高的生产效率和较低的原材料消耗。但金属型铸造的成本相对较高，且模具制造周期长，不适合小批量生产。

（三）低压铸造

低压铸造是一种在较低压力下使液态金属充填型腔以形成铸件的铸造方法。其工艺流程主要包括以下几个步骤：

（1）模具准备。将模具安装在低压铸造机上，并预热至一定温度。

（2）熔炼金属。准备好所需的金属材料，并将其熔炼成液态。

（3）浇注。在密封的坩埚中通入干燥的压缩空气或惰性气体，使金属液在压力作用下沿升液管上升并充填型腔。控制浇注过程中的压力、温度和速度等参数，以确保铸件的质量。

（4）凝固和冷却。待金属液在型腔中凝固后，降低压力并继续冷却铸件。

（5）脱模和清理。待铸件完全冷却后，脱模并清理铸件表面的毛刺和砂粒。

大型铝壳体及框架采用树脂自硬砂砂型重力浇注工艺，选用 ZL101 铝合金材料，实现了铸造造型加工。铸造壳体经过喷砂、粗加工、水压试验、热处理、精加工、整体钝化、SF_6 气体检漏、涂装等工艺手段，保证了铸造壳体的结构强度、外观质量，同时保证了气密性要求。

中小型零件采用金属型旋转浇注工艺，经过喷砂、粗加工、热处理、精加工等工艺，保证了尺寸精度、表面粗糙度。

二、工艺具体流程

（一）原材料准备

（1）选择合适的金属材料，如铝合金、不锈钢等。

（2）对原材料进行检验，确保其化学成分、物理性能等符合铸造要求。

（二）熔化

（1）将金属材料放入熔炉中加热至熔化状态。

（2）控制熔化温度和时间，确保金属熔化均匀、无杂质。

（三）浇注

（1）将熔化的金属液体倒入预先准备好的模具中。

（2）控制浇注速度和温度，避免产生气孔、夹杂等缺陷。

（四）冷却与凝固

（1）等待金属液体在模具中冷却并凝固成铸件。

（2）控制冷却速度和温度梯度，以减少铸件内部的应力和变形。

（五）清理与打磨

（1）去除铸件表面的砂粒、浇口、冒口等多余部分。

（2）对铸件进行打磨处理，去除表面毛刺和不平整部分。

（六）热处理

（1）根据铸件的材料和性能要求，进行退火、正火、淬火等热处理工艺。

（2）消除铸件内部的残余应力和组织缺陷，提高铸件的机械性能和稳定性。

（七）检验与测试

（1）对铸件进行尺寸、外观、化学成分、机械性能等方面的检验和测试。

（2）确保铸件符合设计要求和质量标准。

（八）粗加工

（1）对铸件进行初步的机械加工，如铣削、钻孔、攻丝等。

（2）去除铸件表面的余量和加工余量，为后续精加工做准备。

（九）精加工

（1）对铸件进行精密的机械加工，如磨削、抛光等。

（2）确保铸件的尺寸精度和表面质量符合设计要求。

（十）入库

（1）将加工完成的铸件进行清洗、防锈处理。

（2）将铸件入库存放，等待后续组装或发货。

（十一）铸造相关机械设备

（1）树脂砂重力浇注线。如图 2-5 所示，主要承担中型耐受电压件（DS 壳体、TA 壳体、分支母线的三通壳体等）、框架类零件的铸造任务。

（2）树脂砂低压铸造机。如图 2-6 所示，主要承担大型耐受电压壳体、法兰类零件的铸造任务。

图 2-5　树脂砂重力浇注线　　　　　图 2-6　树脂砂低压铸造机

（3）金属型低压铸造机。如图 2-7 所示，主要承担耐受电压法兰、盖板类零件的铸造任务。

（4）金属型翻转浇注机。如图 2-8 所示，主要承担内装件（导体、屏蔽、支持筒、触头座等）的铸造任务。

图 2-7　金属型低压铸造机　　　　　图 2-8　金属型翻转浇注机

第五节　壳体制造

　　壳体制造在壳体制造中心完成，所涉及的制造设备包括壳体翻边机、数控四辊卷板机及自动焊机等，如图 2-9 所示。壳体制造工艺流程，如图 2-10 所示。

壳体制造中心

壳体翻边机

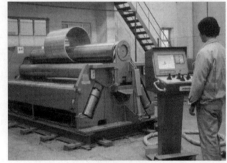
数控四辊卷板机

自动焊机

图 2-9　壳体制造相关设备

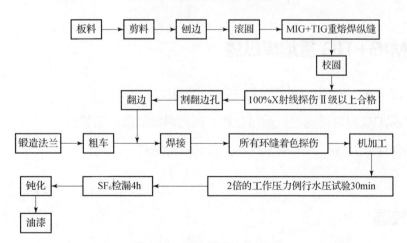

图 2-10　壳体制造工艺流程

MIG—熔化极惰性气体保护；TIG—钨极惰性气体保护

一、板料

（1）选择符合设计要求的金属板料，如不锈钢、碳钢等。

（2）检查板料的尺寸、厚度、材质等是否符合标准。

二、剪料

（1）使用剪切机或激光切割机将板料按照设计要求切割成相应的形状和尺寸。

（2）确保切割后的板料边缘平整、无毛刺。

三、刨边

（1）对板料的边缘进行刨削处理，去除锐边、毛刺和不平整部分。

（2）提高板料边缘的表面粗糙度和平整度，便于后续加工和装配。

四、滚圆

（1）使用滚圆机将平板或近似平板的板料加工成具有一定弧度的曲面形状。

（2）根据设计要求调整滚圆机的参数，确保滚圆后的板料符合设计要求。

五、MIG+TIG 重熔焊纵缝

（1）使用 MIG 焊对壳体进行纵缝的初步焊接。

（2）使用 TIG 焊对焊缝进行重熔处理，提高焊缝的质量和强度。

（3）确保焊缝无气孔、夹渣等缺陷，满足质量要求。

六、校圆

（1）对焊接后的壳体进行校圆处理，消除焊接变形和残余应力。

（2）确保壳体的形状和尺寸符合设计要求。

七、100% X 射线探伤 II 级以上合格

（1）对焊接完成的壳体进行 100% 的 X 射线探伤检查。

（2）确保焊缝内部无裂纹、未熔合等缺陷，探伤等级达到 II 级以上。

八、割翻边孔、翻边

（1）在壳体上按照设计要求切割翻边孔。

（2）对翻边孔进行翻边处理，增加壳体的强度和密封性。

九、锻造法兰

锻造或机加工法兰，确保其尺寸和形状符合设计要求。

十、粗车

对法兰或其他需要机加工的部件进行粗车加工，去除多余材料。

十一、焊接

将法兰等部件焊接到壳体上，确保焊接质量。

十二、所有环缝着色探伤

对所有环缝进行着色探伤检查，确保焊缝无表面裂纹等缺陷。

十三、机加工

（1）对壳体和其他部件进行精加工，如钻孔、攻丝、铣削等。

（2）确保所有尺寸和形状符合设计要求。

十四、2 倍工作压力例行水压试验 30min

（1）对壳体进行水压试验，压力为设计工作压力的 2 倍。

（2）试验持续 30min，确保壳体无泄漏、变形等异常情况。

十五、SF_6 气体检漏 4h

（1）使用 SF_6 气体或其他检漏方法对壳体进行检漏测试。

（2）测试持续 4h，确保壳体无泄漏。

十六、钝化

对壳体进行钝化处理，提高其耐腐蚀性能。

十七、油漆

（1）对壳体进行喷漆处理，增强其外观质量和耐腐蚀性能。

（2）喷漆颜色和涂层厚度应符合设计要求。

第六节　表面处理

表面处理包括涂装和电镀。涂装的质量不但关乎着产品的外观，某些关键涂装部位的防腐与机械的可靠操作密不可分；而电镀更是高压开关产品接触件导电的最重要环节。下面以电镀为例介绍表面处理工艺，具体流程如图 2-11 所示。

图 2-11　电镀工艺流程

一、前处理线

电镀前处理是电镀生产线中非常关键的一个环节。其主要目的是清洁和准备待镀物表面，确保电镀层的质量和附着力。

首先，对待镀物进行表面清洗和去污，以去除表面的油脂、污渍和其他杂质。然后，进行钝化或酸洗等化学处理，以去除氧化物和锈蚀。接着，进行活化、缩微等操作，以使待镀物表面形成良好的阳极氧化膜或者电镀基底。

前处理线是电镀工艺的基础，如果前处理不当，将直接影响电镀层的质量和性能。因此，前处理线在整个电镀生产线中扮演着至关重要的角色。

二、浸胶线

浸胶线是一种用于处理钢材表面的工业设备，其主要作用是将钢材浸入特定的胶液中，使其表面形成一层黏附性强的胶膜，从而达到防锈、防腐和增加表面硬度的效果。

浸胶线包括浸胶槽、输送系统、干燥系统和控制系统等部分。钢材在浸胶槽中浸入胶液后，通过输送系统进入干燥系统，最终得到具有保护层的钢材。

虽然浸胶线与电镀工艺不直接相关，但在某些情况下，电镀前的工件可能需要经过浸胶处理以提高其表面质量或增加其耐腐蚀性。

三、铜镀银线

铜镀银线是在铜制品表面镀上一层银的过程。这种镀层结合了铜和银的优良性能，如导电性、导热性和耐腐蚀性。

首先，对铜制品进行表面清洗和去污。然后，通过电镀工艺在铜制品表面沉积一层银。在电镀过程中，需要严格控制电流密度、电镀时间、温度等参数，以确保镀层的质量和厚度。

铜镀银线广泛应用于电子、通信、航天航空等领域，用于制造各种电子元件和连接器。

四、铝镀银线

铝镀银线是在铝制品表面镀上一层银的过程。这种镀层同样结合了铝和银的优良性能，如轻质、耐腐蚀性和良好的导电性。

与铜镀银线类似，铝镀银线也需要经过表面清洗、去污和电镀等步骤。但由于铝的化学性质较为活泼，因此在电镀前需要进行更严格的预处理，以防止铝在电镀过程中发生氧化或腐蚀。

铝镀银线常用于制造各种电缆、导线和连接器等电气产品，以满足其高导电性和耐腐蚀性的要求。

第三章　GIS 关键零部件、组部件
生产组装见证要点

第一节　关键零部件生产见证要点

一、绝缘件

盆式绝缘子是 GIS 中的主要绝缘件，它起到将通有高电压、大电流的金属导电部位与地电位的外壳之间的绝缘隔离、支撑及不同气室的隔离作用。盆式绝缘子需承受 GIS 导体重量、运动部位的力、设备短路情况下的电动力及相邻气室间的气压差形成的机械力等负荷。因此，GIS 盆式绝缘子不但要满足绝缘性能的要求，还要具有一定的机械强度。根据结构的不同，盆式绝缘子可分为带金属法兰和不带金属法兰两种，根据功能的不同，可分为隔板（不通气盆式绝缘子）和支撑绝缘子（通气盆式绝缘子）两种。

绝缘子主要见证内容包括：外购件确认、抽检比例、制造厂入场试验、目检、尺寸检查、电气性能试验（绝缘盆子电气性能试验如图 3-1 所示）、机械性能试验（绝缘盆子水压试验如图 3-2 所示）、密封性能试验以及射线探伤（射线探伤如图 3-3 所示）。绝缘子见证要点见表 3-1。

图 3-1　绝缘盆子电气性能试验

图 3-2　绝缘盆子水压试验

图 3-3　射线探伤

表 3-1　　　　　　　　　　　　　　绝缘子见证要点

见证项目	见证内容	见证方法	招投标文件技术要求
绝缘子（盆式和支撑）	外购件确认	对照供货合同查看实物，确认分包生产商、生产地点、分包生产商的出厂报告、入厂检查项目	分包生产商：_____ 生产地点：_____ 型号：_____ 分包生产商的出厂报告：_____ 入厂检查项目：_____ 绝缘件应按照 DL/T 617《气体绝缘金属封闭开关设备技术条件》中"7.14 隔板试验"及"7.16 绝缘子试验"的规定进行型式试验并提供报告

续表

见证项目	见证内容	见证方法	招投标文件技术要求
绝缘子 （盆式和支撑）	抽检比例	查验入厂检验记录	样品占来料的百分比或每批次抽取样品的数量
	制造厂入厂试验		检查制造厂是否进行部件入厂试验，如果不做试验，此处标"否"，并检查分包商是否做过出厂试验（防止部件未经任何检验流入生产线）
	目检	查看实物	检查划痕和变形
	尺寸检查	对照设计图纸要求查验实物。查验出厂质量证明文件和入厂检验报告	记录测量的方法（3D 测量仪、钢尺、千分尺等）
	电气性能试验		记录是否进行试验，要求在不低于 80% 工频耐受电压值的试验电压下，单个绝缘件的局部放电量不大于 3pC
	机械性能试验		记录试验由制造厂完成（标注"是"）还是在分包商处完成（标注"否"）。 气隔盆式绝缘子应承受两倍设计压力的压力试验 1min
	密封性能试验		记录试验由制造厂完成（标注"是"）还是在分包商处完成（标注"否"）
	射线探伤		每个绝缘子应进行 X 射线探伤检查。记录试验由制造厂完成（标注"是"）还是在分包商处完成（标注"否"）

（一）外购件确认

应对分包生产商、生产地点、分包生产商的出厂报告、入厂检查项目进行确认，绝缘件应按照 DL/T 617—2010《气体绝缘金属封闭开关设备技术条件》中"7.14 隔板试验"及"7.16 绝缘子试验"的规定进行型式试验并提供报告。

（二）抽检比例

样品占来料的百分比或每批次抽取样品的数量应满足入厂检查要求。

（三）制造厂入场试验

应检查制造厂是否进行部件入厂试验，以及分包商是否做过出厂试验，防止零部件未经任何检验流入生产线。

（四）目检

对原材料及外观进行检查，查看是否存在划痕和变形。

（五）尺寸检查

对绝缘件的尺寸进行检查，应使用 3D 测量仪、钢尺、千分尺等工具进行测量并记录测量方法。

（六）电气性能试验

应记录是否进行试验，在不低于 80% 工频耐受电压值的试验电压下，单个绝缘件的局部放电量不能大于 3pC。

（七）机械性能试验

记录试验是由制造厂或分包商处完成，气隔盆式绝缘子应承受两倍设计压力的压力试验 1min。

（八）密封性能试验

应记录试验由制造厂或分包商处完成。

（九）射线探伤

应记录试验由制造厂或分包商处完成，每个绝缘子应进行 X 射线探伤检查。

二、电压互感器

电压互感器的作用是将高电压转换成低电压：在正常情况下，供给测量仪器、仪表作为计量用；在故障状态下，传递电压信息，供给保护和控制装置，对系统进行保护。GIS 电压互感器目前主要为电磁式，采用 SF_6 气体绝缘，由壳体、盆式绝缘子、一次绕组、二次绕组、铁芯等组成。铁芯：通常由硅钢片叠制而成，是互感器的主要磁路部分，用于增强电磁感应的效果。一次绕组：直接并联在被测线路上，匝数较少，承载被测电压。二次绕组：匝数较多，与测量仪表或继电器并联，用于输出与一次电压成比例的二次电压。

电压互感器的工作原理基于电磁感应定律。当一次绕组中有电压作用时，会在铁芯中产生交变磁通。这个交变磁通会感应到二次绕组中，从而在二次绕组中产生感应电动势，其大小与一次电压成正比。通过合理设计一次绕组和二次绕组的匝数比，可以将高电压电路中的电压值转换成较低的电压信号，以便于测量、保护和控制。

电压互感器主要见证内容包括：外购件确认、抽检比例、包装检查、充氮情况检查、分包商出厂试验、制造厂入厂试验及型式要求。电压互感器见证要点见表 3-2。

表 3-2　　　　　　　　　　　　　　电压互感器见证要点

见证项目	见证内容	见证方法	招投标文件技术要求
电压互感器	外购件确认	对照供货合同查看实物，确认分包生产商、生产地点、分包生产商的出厂报告、入厂检查项目	分包生产商：_____ 生产地点：_____ 型号：_____ 分包生产商的出厂报告：_____ 入厂检查项目：_____
	抽检比例	查验入厂检验记录	样品占来料的百分比或每批次抽取样品的数量

续表

见证项目	见证内容	见证方法	招投标文件技术要求
电压互感器	包装检查	对照供货合同、设计文件查看实物，查阅出厂文件、入厂检验文件	检查包装是否损坏、是否安装冲击记录仪
	充氮情况检查		是否充正压防潮
	分包商出厂试验		检查出厂试验报告，以及精度试验和电气性能试验是否由分包商完成
	制造厂入厂试验		记录制造厂是否进行以下检查：尺寸、外观和接线端子标记
	型式要求	查看实物，查阅试验报告，核对招投标文件技术要求（技术协议）等文件要求	（1）当三相一次绕组施加三相平衡电压时，辅助绕组开口三角的剩余电压不得大于 1.0V。 （2）额定过电压倍数：1.2 倍最高运行电压下连续，1.5 倍最高运行电压下允许 30s。 （3）应防止一次回路放电对二次绕组和二次回路产生影响。 （4）局部放电：在 0.8 倍工频耐受电压值下不大于 10pC。 （5）电压互感器应为独立隔室。 （6）为便于试验和检修，GIS 的母线电压互感器和电缆进线间隔的线路电压互感器应设置独立的隔离开关或隔离断口。 （7）架空进线的 GIS 线路电压互感器应采用敞开式结构

（一）外购件确认

对分包生产商、生产地点、分包生产商的出厂报告、入厂检查项目等进行确认。

（二）抽检比例

样品占来料的百分比或每批次抽取样品的数量应满足入厂检查要求。

（三）包装检查

检查包装是否损坏、是否安装冲击记录仪。

（四）充氮情况检查

检查是否充正压防潮，气体压力应满足相应要求。

（五）分包商出厂试验

检查出厂试验报告，以及精度试验和电气性能试验是否由分包商完成。

（六）制造厂入厂试验

记录制造厂是否进行以下检查：尺寸、外观和接线端子标记。

（七）型式要求

查看实物，查阅检测报告，核对招投标文件技术要求（技术协议）等文件要求。

（1）电压互感器应为独立隔室。

（2）为便于试验和检修，GIS 的母线电压互感器和电缆进线间隔的线路电压互感器应设置独立的隔离开关或隔离断口。

（3）架空进线的 GIS 线路电压互感器应采用敞开式结构。

（4）当三相一次绕组施加三相平衡电压时，辅助绕组开口三角的剩余电压不得大于 1.0V；额定过电压倍数：1.2 倍最高运行电压下连续，1.5 倍最高运行电压下允许 30s；应防止一次回路放电对二次绕组和二次回路产生影响；局部放电：在 0.8 倍工频耐受电压值下不大于 10pC。

三、避雷器

避雷器的基本结构通常包括一个或多个非线性电阻元件，这些元件通常由金属氧化物（如氧化锌）或其他具有非线性电阻特性的材料制成。避雷器还可能包含放电间隙、绝缘部件和封装外壳等。其中，放电间隙用于在雷电过电压超过避雷器的动作电压时，提供一个低阻抗的通道，使过电压能够迅速放电至大地。绝缘部件用于支撑和隔离避雷器的各个部分，确保其在正常工作电压下具有良好的绝缘性能。封装外壳则用于保护避雷器的内部元件免受外界环境的影响。

避雷器的作用原理是基于其非线性电阻元件的伏安特性。在正常工作电压下，避雷器呈现高电阻状态，几乎不流过电流。然而，当雷电过电压作用在避雷器上时，其内部的非线性电阻元件会迅速降低电阻值，形成一个低阻抗的通道，使过电压能够迅速放电至大地。这个过程中，避雷器限制了过电压的幅值和持续时间，从而保护了与其并联的电气设备和系统免受过电压的损害。

避雷器主要见证内容包括：外购件确认、抽检比例、包装检查、充氮情况检查、分包商出厂试验、制造厂入厂试验以及型式要求。避雷器见证要点见表 3-3。

表 3-3 避雷器见证要点

见证项目	见证内容	见证方法	招投标文件技术要求
避雷器	外购件确认	对照供货合同查看实物，确认分包生产商、生产地点、分包生产商的出厂报告、入厂检查项目	分包生产商：＿＿＿＿＿＿＿＿ 生产地点：＿＿＿＿＿＿＿＿ 型号：＿＿＿＿＿＿＿＿＿ 分包生产商的出厂报告：＿＿＿＿ 入厂检查项目：＿＿＿＿＿＿
	抽检比例	查验入厂检验记录	样品占来料的百分比或每批次抽取样品的数量
	包装检查	对照供货合同、设计文件查看实物，查阅出厂文件、入厂检验文件	检查包装是否损坏、是否安装冲击记录仪
	充氮情况检查		是否充正压防潮
	分包商出厂试验		检查出厂试验报告、气密试验和电气性能试验是否由分包商完成
	制造厂入厂试验		记录制造厂是否进行以下检查：尺寸和外观检查
	型式要求	查看实物，查阅试验报告，核对招投标文件技术要求（技术协议）等文件要求	长持续时间冲击电流耐受能力、峰值持续时间、充电电压及次数等参数应符合 GB/T 11032—2020《交流无间隙金属氧化物避雷器》中 8.4 的规定。 避雷器应为独立隔室。 为便于试验和检修，GIS 的母线避雷器和电缆进线间隔的避雷器应设置独立的隔离开关或隔离断口。 架空进线的 GIS 线路间隔的避雷器应采用敞开式结构

（一）外购件确认

对分包生产商、生产地点、分包生产商的出厂报告、入厂检查项目等进行确认。

（二）抽检比例

样品占来料的百分比或每批次抽取样品的数量应满足入厂检查要求。

（三）包装检查

检查包装是否损坏、是否安装冲击记录仪。

（四）充氮情况检查

检查是否充正压防潮，气体压力应满足相应要求。

（五）分包商出厂试验

检查出厂试验报告，以及精度试验和电气性能试验是否由分包商完成。

（六）制造厂入厂试验

记录制造厂是否进行以下检查：尺寸、外观和接线端子标记。

（七）型式要求

查看实物，查阅检测报告，核对招投标文件技术要求（技术协议）等文件要求。

（1）长持续时间冲击电流耐受能力、峰值持续时间、充电电压及次数等参数应符合 GB/T 11032—2020《交流无间隙金属氧化物避雷器》中 8.4 的规定。

（2）避雷器应为独立隔室。

（3）为便于试验和检修，GIS的母线避雷器和电缆进线间隔的避雷器应设置独立的隔离开关或隔离断口。

（4）架空进线的GIS线路间隔的避雷器应采用敞开式结构。

四、空气/SF$_6$套管

充气套管指的是在瓷套内腔充以SF$_6$气体的绝缘套管。通常用作GIS的出线套管。电容式套管以油纸或胶纸为主要绝缘，并以电容屏来均匀径向及轴向电场分布的套管。现代高压电气设备的电器套管及穿墙套管多为电容式套管。电容式套管的核心部分是电容芯，它是由多层油纸或胶纸构成的密集绝缘体。绝缘层间夹进金属箔电极，构成多个同心圆柱形的电容器。同心圆柱形电容器电极的直径由内向外依次增加，而其长度则依次减少。电极的直径及长度按一定规律选取，使径向及轴向的电场分布趋于均匀，以使在满足电气性能要求的前提下套管的尺寸最小。为改善金属箔电极边缘处的电场分布，有时采用半导体极板或半导体滚边的金属箔极板。

空气/SF$_6$套管主要见证内容包括：外购件确认、抽检比例、包装检查、充氮情况检查、分包商出厂试验、制造厂入厂试验及型式要求。空气/SF$_6$套管见证要点见表3-4。

表3-4　　　　　　　　　　　　　　空气/SF$_6$套管见证要点

见证项目	见证内容	见证方法	招投标文件技术要求
空气/SF$_6$套管	外购件确认	原材料确认：分包生产商、生产地点、分包生产商的出厂报告、入厂检查项目	分包生产商：_____ 生产地点：_____ 型号：_____ 分包生产商的出厂报告：_____ 入厂检查项目：_____
	抽检比例	查验入厂检验记录	样品占来料的百分比或每批次抽取样品的数量
	包装检查	对照供货合同、设计文件查看实物，查阅出厂文件、入厂检验文件	检查包装是否损坏、是否安装冲击记录仪
	充氮情况检查		是否充正压防潮
	分包商出厂试验		检查出厂试验报告，气密试验和电气性能试验是否由分包商完成
	制造厂入厂试验		记录制造厂是否进行以下检查：尺寸和外观检查

续表

见证项目	见证内容	见证方法	招投标文件技术要求
空气/SF$_6$ 套管	型式要求	查看实物，查阅试验报告，核对招投标文件技术要求（技术协议）等文件要求	对于 d 级以下污秽等级的地区统一按 d 级防污选取设备的爬电距离，d 级外绝缘统一爬电比距离按不小于 43.3mm/kV。d 级及以上污秽等级的地区统一按 e 级防污选取设备的爬电距离，e 级外绝缘统一爬电比距按不小于 53.7mm/kV。在 $1.5U_m/\sqrt{3}$ 下局部放电量不应大于 10pC

（一）外购件确认

对分包生产商、生产地点、分包生产商的出厂报告、入厂检查项目等进行确认。

（二）抽检比例

样品占来料的百分比或每批次抽取样品的数量应满足入厂检查要求。

（三）包装检查

检查包装是否损坏、是否安装冲击记录仪。

（四）充氮情况检查

检查是否充正压防潮，气体压力应满足相应要求。

（五）分包商出厂试验

检查出厂试验报告，以及精度试验和电气性能试验是否由分包商完成。

（六）制造厂入厂试验

记录制造厂是否进行以下检查：尺寸、外观和接线端子标记。

（七）型式要求

查看实物，查阅检测报告，核对招投标文件技术要求（技术协议）等文件要求。

（1）对于 d 级以下污秽等级的地区统一按 d 级防污选取设备的爬电距离，d 级外绝缘统一爬电比距离按不小于 43.3mm/kV。d 级及以上污秽等级的地区统一按 e 级防污选取设备的爬电距离，e 级外绝缘统一爬电比距按不小于 53.7mm/kV。

（2）在 $1.5U_m/\sqrt{3}$ 下局部放电量不应大于 10pC。

五、触头

（一）见证要点

触头主要见证内容包括：外购件确认、抽检比例、制造厂入厂试验、外观检查、粗糙度 / 硬度检查、镀层厚度检查、镀层附着力检查、导电性能检查以及尺寸检查。触头带镀银层见证要点见表 3-5。

表 3-5　　　　　　　　触头带镀银层（银钨）见证要点

见证项目	见证内容	见证方法	招投标文件技术要求
触头带镀银层	外购件确认	原材料确认：分包生产商、生产地点、分包生产商的出厂报告、入厂检查项目	分包生产商：_____ 生产地点：_____ 分包生产商的出厂报告：_____； 入厂检查项目：_____ 镀层的制造资料完善且具有可追溯性。厂家应提供镀层质量标准和检测手段
	抽检比例	查验入厂检验记录	样品占来料的百分比或每批次抽取样品的数量
	制造厂入厂试验		检查制造厂是否进行部件入厂试验，如果不做试验，此处标"否"，并检查分包商是否做过出厂试验（防止部件未经任何检验流入生产线）

续表

见证项目	见证内容	见证方法	招投标文件技术要求
触头带镀银层	外观检查	查验实物	无划痕、脱落等异常情况，而且镀银层和导体之间过渡平滑
	粗糙度、硬度检查	查验入厂检验记录、见证试验	抽检
	镀层厚度检查		抽检
	镀层附着力检查		抽检
	导电性能检查		抽检
	尺寸检查		抽检

1. 外购件确认

对分包生产商、生产地点、分包生产商的出厂报告、入厂检查项目等进行确认。镀银层的制造资料完善且具有可追溯性。厂家应提供镀银层质量标准和检测手段。

2. 抽检比例

样品占来料的百分比或每批次抽取样品的数量应满足入厂检查要求。

3. 制造厂入厂试验

记录制造厂是否进行以下检查：尺寸、外观和接线端子标记。

4. 外观检查

检查有无划痕、脱落等异常情况，且涂层和导体之间应过渡平滑。

5. 粗糙度/硬度检查

检查抽检记录，硬度需符合相关标准要求。

6. 镀层厚度检查

检查抽检记录，镀层厚度需符合相关标准要求，镀层厚度检查方式如图 3-4 所示。

7. 镀层附着力检查

检查抽检记录，通过热震试验或其他方式对镀层结合力进行测量，须符合相关标准要求，如图 3-5 所示。

图 3-4　镀层厚度检查方式

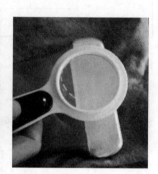

图 3-5　镀层附着力检查

8. 导电性能检查

检查抽检记录，须符合相关标准要求。

9. 尺寸检查

检查抽检记录，厚度需符合相关标准要求。

（二）GIS 触头种类

目前 GIS 上广泛使用的触头主要包括表带触头、弹簧触头和梅花触头三种。

1. 表带触头

表带触头通常由多个平行排列的弹性金属片（触指）组成，这些触指紧密排列并固定在一个金属基板上，形成类似于表带或梳子的形状。触指通常采用高导电性的材料制成，如铜或银，以确保良好的电气连接性能。每个触指都具有一定的弹性和弯曲度，以适应不同的接触压力和表面形状。

表带触头的作用原理主要基于其独特的结构设计和材料选择。在电连接过程中，表带触头的触指与另一个电气元件的接触面形成多个独立的接触点。由于触指具有弹性和弯曲度，它们能够自适应地调整接触点之间的压力分布，以确保电流在多个接触点之间均匀分布。

此外，表带触头的触指还能够有效地破坏接触表面的污染层（如氧化层、油脂等），从而确保电流在接触点之间顺畅传输。这种自适应调整和清洁能力使得表带触头在高压、大电流和恶劣环境下具有优异的电气连接性能。

2. 弹簧触头

弹簧触头主要由弹簧、触点和其他辅助部件组成。弹簧通常是由具有优良弹性的金属材料制成，如不锈钢或特殊合金，以确保在受到外力时能够产生足够的形变并快速恢复。触点则是负责电气连接的部分，通常由导电性能良好的金属制成，如铜或银。

弹簧触头的作用原理主要基于弹簧的弹性形变和金属触点的导电性能。当两个需要连接的电气元件靠近时，弹簧触头会受到外力的作用而发生形变，使得触点与对应的电气元件接触。由于弹簧的弹性，即使在外力消失后，触点也能保持与电气元件的紧密接触，确保电气连接的稳定性和可靠性。

在接触过程中，弹簧触头能够有效地防止电弧的产生。当电流通过触点时，由于接触电阻的存在，可能会产生电弧。然而，由于弹簧触头的结构设计，使得触点在接触时具有较大的接触面积和较小的接触电阻，从而降低了电弧产生的可能性。

3. 梅花触头

梅花触头主要由铜制的花瓣和中心针组成，形状类似于梅花，因此得名。它的触点呈梅花状，有四个或八个锋利的针尖，座子则是固定在电路板上的金属座，用于固定触点。触点和座子之间通过可调整的压力来实现稳定接触，并保持接触良好。

梅花触头的主要作用是通过中心针和外围花瓣的接触，实现电路连接。当电路板上的电器元件需要进行数据传输时，梅花触头通过其针尖与金属触点相接触，形成稳定的电气连接和传输信号的通道。由于梅花触头的针尖能够扎进金属触点表面的氧化膜，因此可以保证电气连接的稳定性，并避免氧化膜的干扰。此外，梅花触头还具有自清洁的特性，能够在接触过程中清除金属触点表面的沉积物和氧化膜，减少接触电阻和干扰。

（三）导体触头缺陷案例

（1）缺陷概况：500kV GIL 设备到货检查，发现导体触座有毛刺（见图3-6）、不光滑现象，梅花触头有污迹现象（见图3-7）。

图 3-6　导体触座不平整、毛刺　　　　　　图 3-7　梅花触头有污迹现象

（2）缺陷隐患或影响：上述问题可能导致局部放电、绝缘击穿等问题。

（3）判定依据：招投标文件、监造作业标准。

（4）技术要求：导体表面不应有分层、针孔、起皮、气泡、夹杂等影响使用的缺陷。

（5）缺陷原因：

1）导体触座毛刺原因：铸件外协厂家送检后，周转时无保护叠放导致。

2）梅花触头污迹原因：触座镀银时，挂孔处会因工件及挂具移动等原因造成局部渗银现场，该污迹为渗上的镀银层。

（6）处理过程：受损部件进行更换、打磨，并彻底清洁。

（7）整改建议：厂家应加强装配、运输过程的管控，严格按照招投标文件刚性执行。

六、波纹管

（一）见证要点

波纹管主要见证内容包括：外购件确认、抽检比例、制造厂入厂试验、外观检查、粗糙度 / 硬度检查、密封性能试验、材料性能及尺寸检查。波纹管见证要点见表3-6。

表 3-6 波纹管见证要点

见证项目	见证内容	见证方法	招投标文件技术要求
波纹管	外购件确认	原材料确认：分包生产商、生产地点、分包生产商的出厂报告、入厂检查项目	分包生产商：_____ 生产地点：_____ 型号：_____ 分包生产商的出厂报告：_____ 入厂检查项目：_____
	抽检比例	查验入厂检验记录	样品占来料的百分比或每批次抽取样品的数量
	制造厂入厂试验		检查制造厂是否进行部件入厂试验，如果不做试验，此处标"否"，并检查分包商是否做过出厂试验（防止部件未经任何检验流入生产线）
	外观检查	查验实物	无划痕
	粗糙度、硬度检查	查验入厂检验记录、见证试验	检查出厂试验报告
	密封性能试验		通常该试验由分包商完成，检查出厂试验报告
	材料性能		不锈钢质量、防腐措施
	尺寸检查		记录是否进行了尺寸检查

1. 外购件确认

对分包生产商、生产地点、分包生产商的出厂报告、入厂检查项目等进行确认。

2. 抽检比例

样品占来料的百分比或每批次抽取样品的数量应满足入厂检查要求。

3. 制造厂入厂试验

记录制造厂是否进行以下检查：尺寸、外观和接线端子标记。

4. 外观检查

要求无划痕。

5. 粗糙度 / 硬度检查

检查出厂试验报告，粗糙度 / 硬度须符合相关标准要求。

6. 密封性能试验

检查出厂试验报告，年泄漏率须符合相关标准要求。

7. 材料性能

检查不锈钢质量、防腐措施，记录不锈钢标号。

8. 尺寸检查

检查是否进行了尺寸检查。

（二）波纹管类型

1. 调整型波纹管

调整型波纹管又叫可拆卸波纹管，主要由调整尺寸用波纹管和内部可拆卸的导体组成。调整型波纹管有两种功能：一种是用来解决因吸收零部件的加工尺寸公差、安装误差而造成的安装困难问题。安装时可松开波纹管上连接两侧法兰的双头螺杆上的螺栓，在图纸规定尺寸内对波纹管长度进行调整，安装完毕后将螺母锁紧；另一种是当设备需要检修时，由于 GIS 结构紧凑，操作空间较小，此时可利用设备两侧设置的可调整型波纹管，先压缩波纹管，拆除内部可拆卸导体，移出待检修设备。可拆卸波纹管使得 GIS 的布置方式更加方便、灵活。

2. 温度补偿型波纹管

温度补偿型波纹管又叫热伸缩波纹管。温度补偿型波纹管不仅可以吸收加工尺寸公差、安装误差，方便检修时拆卸，而且可吸收壳体由于热胀冷缩产生的较大位移的变形量，吸收地震、基础沉降等产生的较小的下沉量。在 GIS 工程中比较常用的温度补偿型波纹管有热伸缩拉杆型波纹管和压力均衡型波纹管。

（1）热伸缩拉杆型波纹管。热伸缩拉杆型波纹管由不锈钢波纹管和热伸缩拉杆等部件组成。在产品运输、现场耐受电压及安装时波纹管连接两侧法兰的双头螺杆上的螺母处于紧固状态。正常运行时，松开螺母到设计需要的调整间隙量，不会限制波纹管的轴向变形。波纹管配合热伸缩拉杆既可以吸收热伸缩又不会使气体内压力作用到两侧法兰上，气体内压力通过热伸缩拉杆进行吸收，对波纹管两侧的支撑强度要求较低。

（2）压力均衡型波纹管。压力均衡型波纹管由 4 个金属法兰、2 个工作波纹管、1 个均衡型波纹管和均衡型拉杆组成，金属法兰和波纹管焊接在一起，均衡型拉杆穿过法兰上的拉杆孔由螺母固定在 3 个法兰上。压力均衡型波纹管运输时，波纹管拉杆上的螺母处于锁紧状态，现场安装时松开螺母对波纹管长度进行调整，安装、调试完毕后将伸缩量调整到运行状态。压力均衡型波纹管一般用于 550kV 以上的、离地面较高的设备中，价格也较昂贵。

七、气体密度计

GIS 中的气体密度计是用于监测六氟化硫（SF_6）气体密度的关键设备。SF_6 气体在 GIS 中作为绝缘和灭弧介质，其密度的稳定对于设备的正常运行至关重要。

气体密度计通常由一个测量单元和一个显示单元组成。测量单元包含传感器和信号处理电路，用于检测 SF_6 气体的密度并将其转换为电信号。显示单元则将这些电信号转换为可读的数值或指示，以便操作人员能够直观地了解气体密度的状态。

气体密度计的工作原理基于气体状态方程（如理想气体状态方程）和气体密度的测量原理。传感器通过测量 SF_6 气体的压力和温度等参数，结合气体的物性参数（如分子量、摩尔体积等），计算出气体的密度。这个过程通常涉及高精度的测量和复杂的计算，以确保测量结果的准确性和可靠性。

GIS 中的气体密度计主要用于监测 SF_6 气体的密度变化，以确保设备在正常运行时具有足够的绝缘和灭弧能力。当气体密度低于设定值时，密度计会发出警报信号，提示操作人员及时采取措施，如补充 SF_6 气体或检查设备是否存在泄漏等问题。此外，气体密度计还可以与 GIS 的其他监测设备（如温度监测器、压力监测器等）相结合，实现设备的综合监测和管理。

在 GIS 中，SF_6 气体的密度是影响设备绝缘性能和灭弧能力的重要因素。如果气体密度过低，设备的绝缘性能会下降，容易发生闪络和击穿等故障；同时，气体的灭弧能力也会减弱，可能导致设备在发生故障时无法及时切断电路，造成严重的后果。因此，气体密度计在 GIS 中发挥着至关重要的作用，它能够帮助操作人员及时了解气体的密度状态，确保设备的正常运行和安全性。

气体密度计主要见证内容包括：外购件确认、抽检比例、制造厂入厂试验、外观检查、准确性试验、功能试验及型式要求。气体密度计见证要点见表 3-7。

表 3-7　　　　　　　　　　　　　　气体密度计见证要点

见证项目	见证内容	见证方法	招投标文件技术要求
气体密度计	外购件确认	原材料确认：分包生产商、生产地点、分包生产商的出厂报告、入厂检查项目	分包生产商：＿＿＿＿＿＿＿＿＿ 生产地点：＿＿＿＿＿＿＿＿＿ 型号：＿＿＿＿＿＿＿＿＿ 分包生产商的出厂报告：＿＿＿＿ 入厂检查项目：＿＿＿＿
	抽检比例	查验入厂检验记录	样品占来料的百分比或每批次抽取样品的数量
	制造厂入厂试验		检查制造厂是否进行部件入厂试验，如果不做试验，此处标"否"，并检查分包商是否做过出厂试验（防止部件未经任何检验流入生产线）
	外观检查	查验实物	无划痕和其他表面损伤
	准确性试验	查验入厂检验记录、见证试验	数字指示标记范围应包含 –0.1 到压力表最高压力
	功能试验		根据气体压力发出报警和闭锁信号
	型式要求	查看实物，查阅试验报告，核对招投标文件技术要求（技术协议）等文件要求	每个隔室应单独安装一个具有密度和压力指示功能合一的 SF_6 气体监测设备，不同隔室不允许用 SF_6 气体管道连成一个封闭压力系统。 SF_6 气体监测设备应采用就近隔室布置的方式。 SF_6 气体监测设备的安装位置应便于运行人员读取数据和试验维护。 SF_6 气体系统应尽量简单且便于安装和维修。 气体监视系统的接头密封工艺结构应与 GIS（H-GIS）的主密封工艺结构一致。 SF_6 气体监测设备应采用具有密度和压力指示功能合一的气体密度继电器，应具有自动温度补偿功能，在 –30～+60℃ 范围内任何温度下指示的压力值是室温（20℃）下的压力值（密度）。 压力表（或密度表）的准确度等级为 1.0 级，最大允许误差为 ±1%；气体密度继电器应是防振型优质机械指示式密度继电器，并有数字指示标记及报警、闭锁（只对断路器）区域；数字指示标记范围应包含 –0.1 到压力表最高压力。 SF_6 气体监测设备与 GIS（H-GIS）本体之间应设置带手动隔离阀门的三通阀，可切断与本体的气路，并配有充放气的自封接头或阀门，具备不拆卸校验功能。

续表

见证项目	见证内容	见证方法	招投标文件技术要求
气体密度计			充气接头材质应采用黄铜或 6 系铝，连接管道材质应采用紫铜、304（L）或 316（L）不锈钢，充气阀底座材质应采用 6 系铝。充气接头应采用 DN20 的充气接头或提供转接头。 各气室取气口宜引至便于作业的高度和位置，取样口设置朝向外面并留有足够维护及操作空间，禁止朝向 SF_6 密度继电器二次线。 各气室的压力监测装置宜引至方便巡视、维护的位置，应让人员与带电部位保持足够的安全距离。 当 SF_6 气体压力降低时应有报警信号，当其密度降至最小低功能值时，断路器应能可靠闭锁，并发出信号。 户外安装的密度继电器应设置防雨措施

（一）外购件确认

对分包生产商、生产地点、分包生产商的出厂报告、入厂检查项目等进行确认。

（二）抽检比例

样品占来料的百分比或每批次抽取样品的数量应满足入厂检查要求。

（三）制造厂入厂试验

记录制造厂是否进行以下检查：尺寸、外观和接线端子标记。

（四）外观检查

要求无划痕和其他表面损伤。

（五）准确性试验

数字指示标记范围应包含 –0.1 到压力表最高压力。

（六）功能试验

根据气体压力发出报警和闭锁信号。

（七）型式要求

查看实物，查阅检测报告，核对招投标文件技术要求（技术协议）等文件要求。

（1）每个隔室应单独安装一个具有密度和压力指示功能合一的 SF_6 气体监测设备，不同隔室不允许用 SF_6 气体管道连成一个封闭压力系统。

（2）SF_6 气体监测设备应采用就近隔室布置的方式。

（3）SF_6 气体监测设备的安装位置应便于运行人员读取数据和试验维护。

（4）SF_6 气体系统应尽量简单且便于安装和维修。

（5）气体监视系统的接头密封工艺结构应与（H）GIS 的主密封工艺结构一致。

（6）SF_6 气体监测设备应采用具有密度和压力指示功能合一的气体密度继电器，应具有自动温度补偿功能，在 –30～+60℃ 范围内任何温度下指示的压力值是室温（20℃）下的压力值（密度）。

（7）压力表（或密度表）的准确度等级为 1.0 级，最大允许误差为 ±1%。

（8）气体密度继电器应是防振型优质机械指示式密度继电器，并有数字指示标记及报警、闭锁（只对断路器）区域；数字指示标记范围应包含 –0.1 到压力表最高压力。

（9）SF_6 气体监测设备与（H）GIS 本体之间应设置带手动隔离阀门的三通阀，可切断与本体的气路，并配有充放气的自封接头或阀门，具备不拆卸校验功能。

（10）充气接头材质应采用黄铜或 6 系铝，连接管道材质应采用紫铜、304（L）或 316（L）不锈钢，充气阀底座材质应采用 6 系铝。充气接头应采用 DN20 的充气接头或提供转接头。

（11）各气室取气口宜引至便于作业的高度和位置，取样口设置朝向外面并留有足够维护及操作空间，禁止朝向 SF_6 密度继电器二次线。

（12）各气室的压力监测装置宜引至方便巡视、维护的位置，应让人员与带电部位保持足够的安全距离。

（13）当 SF_6 气体压力降低时应有报警信号，当其密度降至最小低功能值时，断路器应能可靠闭锁，并发出信号。

（14）户外安装的密度继电器应设置防雨措施。

八、断路器绝缘拉杆

断路器绝缘拉杆主要由绝缘材料制成，其结构通常包括绝缘体、拉杆部分、栓帽和螺栓等组件。绝缘体部分主要由高性能的绝缘材料构成，这些材料具有优异的电绝缘性，能够有效防止电气线路受到外界磁场影响而产生的电流漏出。拉杆部分起支撑作用，用来安装电气线路，并根据实际需要可以有不同的形状，如普通矩形拉杆、可变角度拉杆等。栓帽和螺栓则用于固定和连接拉杆与设备的其他部分。

断路器绝缘拉杆的主要作用是通过其绝缘性能，将断路器中的机械运动与电学部分隔离开来，确保设备在操作过程中的安全性和可靠性。在断路器进行开合操作时，机械拉杆承担着机械载荷，并通过绝缘体将机械运动向操纵机构传递。同时，绝缘拉杆的绝缘性能可以有效防止电流从非预期的路径流出，避免设备损坏和人员伤害。

断路器绝缘拉杆广泛应用于电力系统中，特别是在需要高可靠性和安全性的场合。例如，在高压断路器中，绝缘拉杆用于隔离机械运动与电学部分，确保在断路器开合过程中不会发生电弧等危险情况。此外，绝缘拉杆还可以用于其他需要电气隔离的场合，如变电站、发电厂等。

断路器绝缘拉杆主要见证内容包括：外购件确认、抽检比例、制造厂入厂试验、外观检查、绝缘耐受电压试验及机械强度试验。断路器绝缘拉杆见证要点见表 3-8。

表 3-8 断路器绝缘拉杆见证要点

见证项目	见证内容	见证方法	招投标文件技术要求
断路器绝缘拉杆	外购件确认	原材料确认：分包生产商、生产地点、分包生产商的出厂报告、入厂检查项目	分包生产商：＿＿＿＿＿＿＿＿ 生产地点：＿＿＿＿＿＿＿＿ 型号：＿＿＿＿＿＿＿＿＿ 分包生产商的出厂报告：＿＿＿＿ 入厂检查项目：＿＿＿＿＿ 绝缘件应按照 DL/T 617—2010《气体绝缘金属封闭开关设备技术条件》"7.14 隔板试验"及"7.16 绝缘子试验"的规定进行型式试验并提供报告
	抽检比例	查验入厂检验记录	样品占来料的百分比或每批次抽取样品的数量
	制造厂入厂试验		检查制造厂是否进行部件入厂试验，如果不做试验，此处标"否"，并检查分包商是否做过出厂试验（防止部件未经任何检验流入生产线）
	外观检查	查验实物	无划痕和其他表面损伤
	绝缘耐受电压试验	查验入厂检验记录、见证试验	通常该试验由分包商完成，检查出厂试验报告。要求在不低于 80% 工频耐受电压值的试验电压下单个绝缘件的局部放电量不大于 3pC
	机械强度试验		通常该试验由分包商完成，检查出厂试验报告

（一）外购件确认

对分包生产商、生产地点、分包生产商的出厂报告、入厂检查项目等进行确认。

（二）抽检比例

样品占来料的百分比或每批次抽取样品的数量应满足入厂检查要求。

（三）制造厂入厂试验

记录制造厂是否进行以下检查：尺寸、外观和接线端子标记。

（四）外观检查

要求无划痕和其他表面损伤。

（五）绝缘耐受电压试验

通常该试验由分包商完成，检查出厂试验报告。

（六）机械强度试验

通常该试验由分包商完成，检查出厂试验报告。

九、隔离开关绝缘部件

隔离开关的绝缘部件主要由支柱绝缘子、操作绝缘子等构成。这些绝缘子通常采用瓷质、环氧树脂或环氧玻璃布板等绝缘材料制成。这些材料具有良好的绝缘性能，能够有效地隔离带电部分与地之间的电气连接。支柱绝缘子固定在底座上，为导电部分提供支撑，并确保其与地之间保持足够的绝缘距离。操作绝缘子则与操动机构相连，用于控制隔离开关的开合。

隔离开关绝缘部件的主要作用是通过其绝缘性能，将带电部分与地、其他带电部分及人员进行隔离，以确保在隔离开关操作过程中的安全性。当隔离开关处于闭合状态时，绝缘部件承受电压并防止电流通过非预期的路径流出。当隔离开关需要断开时，绝缘部件确保带电部分与地、其他带电部分之间保持足够的绝缘距离，以防止电弧的产生和设备的损坏。

隔离开关绝缘部件广泛应用于电力系统、工业设备、建筑物等领域。在电力系统中，隔离开关绝缘部件用于隔离不同电压等级的电气设备和线路，确保在维修、更换或检修过程中人员和设备的安全。在工业设备和建筑物中，隔离开关绝缘部件用于控制电源的开合，确保设备的安全运行并防止电气事故的发生。

隔离开关绝缘部件主要见证内容包括：外购件确认、抽检比例、制造厂入厂试验、外观检查、绝缘耐受电压试验及机械强度试验。隔离开关绝缘部件见证要点见表 3-9。

表 3-9　　　　　　　　　　　隔离开关绝缘部件见证要点

见证项目	见证内容	见证方法	招投标文件技术要求
隔离开关绝缘部件	外购件确认	原材料确认：分包生产商、生产地点、分包生产商的出厂报告、入厂检查项目	分包生产商：＿＿＿＿＿＿＿ 生产地点：＿＿＿＿＿＿＿ 型号：＿＿＿＿＿＿＿＿＿ 分包生产商的出厂报告：＿＿＿＿＿ 入厂检查项目：＿＿＿＿＿＿
	抽检比例	查验入厂检验记录	样品占来料的百分比或每批次抽取样品的数量
	制造厂入厂试验		检查制造厂是否进行部件入厂试验，如果不做试验，此处标"否"，并检查分包商是否做过出厂试验（防止部件未经任何检验流入生产线）
	外观检查	查验实物	无划痕和其他表面损伤
	绝缘耐受电压试验	查验入厂检验记录、见证试验	通常该试验由分包商完成，检查出厂试验报告
	机械强度试验		通常该试验由分包商完成，检查出厂试验报告

（一）外购件确认

对分包生产商、生产地点、分包生产商的出厂报告、入厂检查项目等进行确认。

（二）抽检比例

样品占来料的百分比或每批次抽取样品的数量应满足入厂检查要求。

（三）制造厂入厂试验

记录制造厂是否进行以下检查：尺寸、外观和接线端子标记。

（四）外观检查

要求无划痕和其他表面损伤。

（五）绝缘耐受电压试验

通常该试验由分包商完成，检查出厂试验报告。

（六）机械强度试验

通常该试验由分包商完成，检查出厂试验报告。

十、电流互感器

电流互感器主要由闭合的铁芯和绕组组成。其中，铁芯通常由硅钢片叠制而成，用以增强电磁感应的效果。绕组则分为一次绕组和二次绕组。一次绕组匝数较少，通常串联在需要测量的电流线路上，确保有线路的全部电流流过。而二次绕组匝数较多，串联在测量仪表和保护回路中，用于产生与一次电流成比例的二次电流。

电流互感器的工作原理基于电磁感应定律。当一次绕组中有电流流过时，会在铁芯中产生交变磁通。这个交变磁通会感应到二次绕组中，从而在二次绕组中产生相应的电流。通过合理设计一次绕组和二次绕组的匝数比，可以将高电流电路中的电流值转换成较小的电流信号，以便于测量、保护和控制。

电流互感器广泛应用于电力系统、工业自动化、电能计量等场景中。在电力系统中，电流互感器主要用于测量、保护和监控高电流电路。例如，在变电站和发电厂中，电流互感器用于测量输电线路和变压器的电流，以便进行故障检测、负荷控制和电能计量。此外，电流互感器还可以用于保护设备免受过大电流的损害，如过电流保护和短路保护。

电流互感器需要对其原材料进行确认，包括分包生产商、生产地点、分包生产商的出厂报告、入厂检查项目；查看实物，查阅检测报告，核对招投标文件技术要求（技术协议）等文件要求。

（1）保护用绕组和 TPY 型短路电流倍数 K_{ssc} 和暂态磁通倍数 K_f，由用户提出要求。一般在一次通过故障电流 0.04s 内，二次暂态误差不应超过 7.5%，短路电流倍数应尽量满足系数额定短路开断电流值。

（2）应提供 TA 不同电流下的二次输出电压数值、励磁特性曲线和拐点数据。

（3）TPY 级电流互感器工作循环为 C-O 单循环或 C-O-C-O 双循环可选。

十一、外壳

GIS 的外壳通常采用金属材质制成，常见的材料有铝合金、不锈钢、无磁铸钢等。这些材料具有良好的机械强度、耐腐蚀性和电气绝缘性能，能够确保 GIS 设备的安全可靠运行。外壳结构通常为封闭式设计，由多个部分通过焊接或螺栓连接而成，形成一个完整的密封空间。外壳内部还设置有隔板、支架等附件，用于支撑和固定 GIS 设备的各个组件。

GIS 外壳的主要作用是将设备的带电部分与外界环境隔离开来，提供电气绝缘和机械保护。外壳采用全封闭设计，能够防止外部环境中的灰尘、水分、腐蚀气体等有害物质进入设备内部，从而保护设备的电气性能和机械性能。

GIS 的外壳广泛应用于各种规模的电气设施中，包括变电站、配电室、工业厂房等。在电力系统中，GIS 设备作为高压输配电系统的重要组成部分，其外壳能够有效地保护设备免受外部环境的影响，提高电力系统的可靠性和安全性。同时，外壳的全封闭设计也使得 GIS 设备在安装和维护时更加方便快捷，减少了工作人员的劳动强度和时间成本。此外，GIS 设备的外壳还具有良好的可扩展性和灵活性，能够适应不同规模和需求的电力系统。

外壳需要对其原材料进行确认，包括分包生产商、生产地点、分包生产商的出厂报告、入厂检查项目；查看实物，查阅检测报告，核对招投标文件技术要求（技术协议）等文件要求。

（1）外壳应是铝合金板焊接结构或铸铝结构，必要时部分采用钢 - 不锈钢拼接焊接结构，并按压力容器有关标准设计、制造与检验。应牢固接地并能承受在运行中出现的正常和瞬时压力。

（2）外壳应采取有效的防腐、防锈措施，确保在使用寿命内不出现涂层剥落、表面锈蚀的现象，并提供盐雾试验报告。

（3）外壳的厚度，应以设计压力和在短路电流大于或等于 40kA 下 0.1s 内外壳不烧穿为依据；发生电弧的外部效应时仅允许外壳出现穿孔或裂缝，不应发生任何固体材料不受控制地溅出。

（4）加工完成后的外壳应进行压力试验。标准压力试验应是 k 倍设计压力，焊接 k=1.3，铸造 k=2.0。试验压力应至少维持 1min。试验期间不应出现破裂或永久变形。

（5）生产厂家应对 GIS 罐体焊缝进行无损探伤检测，保证罐体焊缝 100% 合格，并按设备投产后不能复查的条件要求进行设计、制造，以确保材料、结构、焊接工艺、检验等的安全可靠性。

（6）螺栓与壳体接触的位置应接触可靠，确保良好的金属连接，要求接触面无刷漆。

（7）GIS 设备上宜安装供安全带悬挂的安全带挂点装置。

十二、母线

GIS 的母线通常采用导电性能良好的金属材料制成，如铜或铝。其结构根据具体的应用场景和设计要求有所不同，但通常呈现为直线型或弯曲型，以满足不同电气设备之间的连接需求。母线的设计会考虑电流的大小、电压等级及散热等因素，以确保其安全、可靠地传输电能。

GIS 的母线主要用于传输和分配电能。在电力系统中，母线将发电机、变压器、断路器、隔离开关等电气设备连接起来，形成一个完整的电气网络。当发电机产生电能后，母线将其传输到各个负载点，如工厂、商业区、住宅区等。同时，母线还可以根据需要对电能进行分配，以满足不同负载的需求。

在 GIS 中，母线被封闭在金属外壳内，并使用 SF_6 气体进行绝缘。这种设计可以有效地防止外部环境对母线的影响，如灰尘、水分、腐蚀气体等。同时，SF_6 气体具有良好的绝缘性能和灭弧性能，可以有效地提高 GIS 的电气性能和安全性。

母线需要对其原材料进行确认，包括分包生产商、生产地点、分包生产商的出厂报告、入厂检查项目；查看实物，查阅检测报告，核对招投标文件技术要求（技术协议）

等文件要求。

（1）导体材质为铝合金或电解铜。导电接触部位表面应镀银。

（2）不允许采用螺纹部位导电的结构方式。

（3）铜导体表面不应有分层、针孔、起皮、气泡、夹杂等影响使用的缺陷。铜管导体机械强度和电阻率应符合 GB/T 19850《导电用无缝铜管》的规定；铝合金导体表面不应有折皱、毛刺、油污、小孔、腐蚀斑点、裂纹和横向裂痕、夹杂物及变形扭曲现象；铝合金管型导体机械性能和电导率性能试验应符合 GB/T 27676—2011《铝及铝合金管形导体》。

（4）管型导体材料的机械加工应采用轧拉或挤压的方法。

十三、均压电容器

GIS 的均压电容器通常具有特定的密封结构，以确保其在高压、高湿等恶劣环境下的稳定运行。这种密封结构可能包括安装结构、夹持结构、防护结构等部件。其中，安装结构用于固定电容器，夹持结构则用于将电容器与外壳或其他部件进行固定连接。防护结构则用于保护电容器免受外部环境的影响，如灰尘、水分等。

均压电容器的工作原理是通过利用电容器的电容特性，在高压电路中形成电场，从而达到电压均衡的目的。当电源电压波动时，均压电容器能够储存电能；当电压下降时，它能够释放储存的电能，补充电路中的电能，从而保持电路的稳定运行。此外，均压电容器还能够增加电路的容量，改善电路的功率因数，提高电路的有效负载能力，进一步增强电力系统的稳定性。

均压电容器需要对其原材料进行确认，包括分包生产商、生产地点、分包生产商的出厂报告、入厂检查项目；查看实物，查阅检测报告，核对招投标文件技术要求（技术协议）等文件要求。

十四、合闸电阻

GIS 的合闸电阻是断路器或开关设备中的一个重要组件，它通常被设计为与主触头并联的一个电阻元件。这个电阻元件在结构上可能是一个独立的单元，也可能是集成在断路器或开关设备内部。合闸电阻的材料通常选用具有良好导电性和稳定性的材料，如金属氧化物或合金。

合闸电阻的主要作用是限制在合闸过程中产生的操作过电压。在 GIS 系统中，当断路器或开关设备从断开状态切换到闭合状态时，由于电网中的电感、电容等元件的存在，会在电路中产生瞬态的电压波动，即操作过电压。这种过电压可能会对电气设备造成损害，甚至引发故障。

合闸电阻在断路器或开关设备合闸前的瞬间接入电路，通过电阻的限流作用，降低合闸过程中的电流峰值，从而减少操作过电压的幅度。当主触头完全闭合后，合闸电阻会被迅速切除，以避免在正常运行过程中产生额外的电能损耗。

合闸电阻需要对其原材料进行确认，包括分包生产商、生产地点、分包生产商的出厂报告、入厂检查项目；查看实物，查阅检测报告，核对招投标文件技术要求（技术协议）等文件要求。

十五、灭弧室或灭弧室部件

GIS 的灭弧室通常采用金属外壳封装，内部包含灭弧介质（如 SF_6 气体）和灭弧触头等关键部件。灭弧触头一般设计为可动触头和固定触头两部分，它们之间在开关操作时产生电弧。灭弧室内部还包含气流控制系统，如压气缸、活塞等，用于在电弧产生时迅速吹散电弧，降低电弧温度，加速电弧的熄灭。

灭弧室的主要作用是在断路器或开关设备分断电路时，迅速熄灭产生的电弧，以保护设备和系统的安全。当开关设备分断电路时，动触头和静触头之间会产生电弧。此时，灭弧室内的灭弧介质（如 SF_6 气体）会在电弧的作用下电离，形成大量的自由电子和离子，从而迅速降低电弧通道中的电导率，使电弧难以维持。同时，气流控制系统会迅速吹散电弧，降低电弧温度，进一步加速电弧的熄灭。

灭弧室需要对其原材料进行确认，包括分包生产商、生产地点、分包生产商的出厂报告、入厂检查项目；查看实物，查阅检测报告，核对招投标文件技术要求（技术协议）等文件要求。

十六、防爆膜

GIS 的防爆膜是一个关键的安全组件，其结构通常包括膜片本身和与之相连的支撑框架。膜片材料一般选用具有高强度、高韧性和良好绝缘性能的材料，如金属箔或特殊复合材料。支撑框架则用于固定膜片并承受一定的压力。防爆膜通常被安装在 GIS 设备的特定位置，如母线室、断路器室等，以便在紧急情况下及时响应。

防爆膜的主要作用是在 GIS 设备内部发生故障时，如短路、接地故障等，迅速释放内部积聚的高压气体，以防止设备外壳因压力过高而破裂或爆炸。当 GIS 设备内部发生故障，电弧或高温会使 SF_6 气体迅速膨胀，产生极高的压力。此时，防爆膜会在达到预设的破裂压力时迅速撕裂或破裂，释放内部气体，降低设备内部的压力，从而保护设备外壳不受损害。

防爆膜需要对其原材料进行确认，包括分包生产商、生产地点、分包生产商的出厂报告、入厂检查项目；查看实物，查阅检测报告，核对招投标文件技术要求（技术协议）等文件要求。

（1）每个隔室应设防爆装置；但如果隔室的容积足够大，在内部故障电弧发生的允许时限内，压力升高为外壳承受所允许，而不会发生爆裂，也可以不设防爆装置，此时制造厂应提供计算书及包含"内部故障电弧效应试验"（按照 DL/T 617—2010《气体绝缘金属封闭开关设备技术条件》中 7.18 的规定进行）在内第三方认证的型式试验报告或性能检测报告，试验报告必须是第三方出具，且出具机构必须有中国合格评定国家认可委员会（CNAS）认证、中国计量认证（CMA）或是国际短路试验联盟（STL）成员。

（2）压力释放装置应根据其动作原理，应对安全动作值进行验证试验，其安全动作值应大于或等于规定的动作值，对不可恢复性的压力释放装置，每批次的抽检量不得小于 10%。

（3）防爆装置的防爆膜应保证在使用年限内不会老化开裂。

（4）防爆装置的布置及保护罩的位置，应确保排出压力气体时，不危及在正常运行时可触及的位置工作的运行人员。

（5）为了避免正常运行条件下的压力释放动作，在设计压力和防爆装置的动作压力之间应有足够的差值。而且，确定防爆装置的动作压力时应考虑到运行期间出现的瞬时压力（如果使用，如断路器）。制造厂应提供防爆装置的动作压力值。

（6）爆破片应选用反拱带槽型不锈钢爆破片；禁止爆破片表面覆盖橡胶等易老化材质的保护层；防爆膜应有防护罩，防止异物破坏。

十七、吸附剂选材及安装要求

GIS 的吸附剂通常呈现为颗粒状或块状，由具有高比表面积和良好吸附性能的材料制成，如活性炭、硅胶、氧化铝等。这些材料能够有效地吸附气体中的水分、杂质和有毒分解产物。吸附剂通常被封装在特定的容器中，如金属罐或塑料袋，以便在 GIS 设备中安装和更换。

吸附剂在 GIS 中的主要作用是通过物理或化学吸附的方式去除气体中的水分、杂质和有毒分解产物。当 GIS 设备内部的气体通过吸附剂时，吸附剂表面的活性位点会吸附气体中的水分和杂质，从而降低气体中的微水含量和杂质浓度。此外，吸附剂还可以吸附 SF_6 因放电或过热而分解产生的有毒分解产物，如 SO_2、SOF_2、SO_2F_2、HF、H_2S 等，以保护设备免受化学腐蚀和保持气体的纯度。

（1）每个隔室应装设吸附剂用于吸附水分和 SF_6 气体分解物。

（2）吸附剂的放置位置应便于更换，吸附剂罩应与罐体安装紧固。

（3）吸附剂的成分和用量应严格按技术条件规定选用。如采用分子筛应为 5A 级分子筛，能吸附临界直径小于 5nm 的分子。吸附剂更换周期应与 GIS 的解体检修周期相同。吸附剂罩应选用金属材质制成。应采用绝缘材质的口袋包裹，严禁散落于吸附剂罩内部。

（4）吸附剂罩开孔直径应小于吸附剂颗粒直径；吸附剂罩边沿不应有尖角、毛刺；安装后的吸附剂罩与 GIS 端盖内表面之间的间隙距离应小于吸附剂颗粒直径。

十八、断路器本体三相不一致保护回路

GIS 的断路器本体三相不一致保护回路主要由断路器辅助触点、分闸回路、三相不一致启动断路器分闸投入压板、时间继电器、启动继电器及复位按钮等组件构成。其中，断路器辅助触点与断路器分闸回路之间通过三相不一致启动断路器分闸投入压板电

连接，时间继电器和启动继电器则分别负责延时和启动功能。整个回路采用模块化设计，方便安装和维护。

断路器本体三相不一致保护回路的作用原理是在检测到断路器三相位置不一致时，通过特定的逻辑判断和延时处理，最终驱动断路器进行分闸操作，从而保护电力系统和设备的安全。当断路器的一相或两相处于合闸状态，而另一相或两相处于分闸状态时，断路器辅助触点会发送信号至三相不一致启动断路器分闸投入压板。压板接收到信号后，会启动时间继电器和启动继电器。时间继电器在设定的延时时间到达后，会驱动跳闸继电器动作，从而切断故障相的电流。启动继电器则负责在复位过程中重置回路状态。

断路器本体三相不一致保护回路需要查看其接线图。断路器本体三相不一致保护回路应满足《关于开展断路器（含 GIS、H-GIS）本体三相不一致回路整改的通知》（广电生〔2020〕1 号）要求，对于与通知中提供的方案不同的，厂家应出具满足"防止时间继电器、出口继电器故障或触碰造成的本体三相不一致保护误动"要求的保函。

十九、导向环

GIS 的导向环是一种关键的结构组件，通常设计为环形或近似环形的结构，以适应 GIS 设备内部的安装环境。导向环的材料一般选用高强度、高耐磨、耐腐蚀的金属材料或特种工程塑料制成，以确保其在各种运行环境下的稳定性和耐久性。导向环的内外表面通常经过精密加工，以保证其尺寸精度和表面表面粗糙度，从而确保 GIS 设备内部的导体或其他部件能够顺利、准确地穿过导向环。

导向环在 GIS 中主要起到导向和支撑的作用。在设备组装和运行过程中，导向环可以确保导体或其他部件按照预定的路径和位置进行移动和定位，防止其发生偏移或错位。同时，导向环还可以承受一定的径向和轴向载荷，保护导体或其他部件免受外力冲击和振动的影响。此外，导向环还能够保持设备内部结构的稳定性，确保设备在各种工况下都能够安全、可靠地运行。

导向环表面应平滑，不得有变形、划伤、裂纹、污垢等缺陷，并应对导向环材料开展抽检，抽检项目应至少包括粗糙度、尺寸、硬度等，测试结果应满足厂家技术条件要求。

二十、压气缸

GIS 的压气缸是一个关键的气动组件，其结构通常包括气缸体、活塞、密封件和连接部件。气缸体是压气缸的主体部分，通常由高强度材料制成，以承受内部高压气体的作用。活塞在气缸体内往复运动，通过连接部件与断路器或开关设备的其他部分相连。密封件则确保气缸内部的气体不会泄漏到外部环境中。

收到分闸命令时，压气缸的活塞会受到内部高压气体的推动，沿着气缸体迅速移动。这个移动过程会驱动断路器的动触头与静触头分离，从而切断电路。

在分闸过程中，压气缸内的气体被迅速压缩并产生高压。当动触头与静触头分离时，电弧会在触头之间产生。此时，压气缸内的高压气体通过特定的喷口和导气管迅速吹向电弧区域，形成强大的气流。这个气流能够迅速冷却电弧，降低其温度，从而加速电弧的熄灭。同时，气流还能够将电弧产生的有害物质吹散，避免对设备造成损害。

对压气缸应开展抽检，抽检项目至少应包括材质主要化学成分、粗糙度、尺寸、硬度、圆度等，测试结果应满足厂家技术条件，材质化学成分符合 GB/T 3190《变形铝及铝合金化学成分》的要求。

二十一、金属部件

GIS 的金属部件是其核心构成部分，这些部件通常由高强度、耐腐蚀的金属材料制成，如铝合金、不锈钢等。这些金属部件包括但不限于外壳、断路器组件、隔离开关、接地开关、母线、连接件和出线终端等。它们被设计为封闭的结构，内部充满了一定压力的 SF_6 绝缘气体，以保护内部的电气元件和防止外部环境的干扰。

GIS 的金属部件主要起到保护和支撑的作用。首先，金属外壳作为 GIS 设备的主要保护结构，能够防止外部环境中的尘埃、水分和有害物质侵入设备内部，保证内部电气元件的正常运行。其次，金属部件的强度和稳定性保证了 GIS 设备在高压、大电流等恶劣环境下的安全运行。此外，金属部件还起到支撑和连接的作用，确保设备内部的各个部件能够紧密配合，实现电气连接和机械传动。

制造厂应对金属材料和部件材质进行质量检测，对罐体、传动杆、拐臂、轴承（销）等关键金属部件的材质按工程抽样进行金属成分检测、按批次进行金相试验抽检，并提供检测报告。

第二节　组部件组装见证要点

一、部件清洁

GIS 设备的关键特性之一是其优异的绝缘性能，这主要依赖于设备内部充满的绝缘气体（如 SF_6）。然而，任何微小的灰尘、油污或其他杂质都可能影响绝缘气体的性能，从而降低设备的绝缘强度。因此，在组合装配阶段，彻底清洁设备部件可以确保绝缘气体的纯净度，进而保证 GIS 设备的绝缘性能。同时，灰尘、油污等杂质可能附着在 GIS 设备的电气接触面上，导致接触电阻增大，电气连接不良。这不仅会影响设备的正常运行，还可能引发电气故障。通过清洁工作，可以去除这些杂质，确保电气接触面的良好接触，防止电气故障的发生。

（一）部件清洁具体流程

1. 初步清洁

外观除尘：首先，使用干净的干布或专用的无尘布轻轻擦拭 GIS 部件的外表面，去除表面的灰尘、颗粒物和其他可见杂质。

检查与预处理：在初步清洁过程中，对部件进行初步检查，确保没有大块的油污、锈迹或其他难以去除的污渍。对于这类污渍，可以使用毛刷轻轻刷洗，或者使用特定的溶剂进行预处理，以便后续的深度清洁。

2. 深度清洁

选择清洁剂：根据 GIS 部件的材质和清洁要求，选择合适的清洁剂。常见的清洁剂包括无水乙醇、专用清洗剂等。确保清洁剂不会对部件的材质造成损害，并且在使用后易于挥发，不留残留。

局部清洁：对于 GIS 部件上的油污、锈迹或其他难以去除的污渍，可以使用蘸有清洁剂的棉签或布进行局部清洁。在清洁过程中，要轻柔而均匀地施加力量，避免对部件表面造成划痕或损伤。

全面清洁：对于 GIS 部件的较大表面或需要全面清洁的区域，可以使用喷壶或蘸有清洁剂的布进行全面喷洒或擦拭。确保清洁剂均匀覆盖整个表面，并静置一段时间，以便清洁剂充分渗透并分解污渍。

冲洗与干燥：在清洁剂作用一定时间后，使用清水（如果清洁剂允许）或干燥的布对部件进行冲洗或擦拭，以去除残留的清洁剂和污渍。然后，使用干燥的空气或氮气对部件进行吹扫，确保部件表面干燥无水分。

3. 特殊部件的清洁

密封件与绝缘件：对于 GIS 中的密封件和绝缘件，需要特别注意清洁过程中的细节。这些部件对清洁度要求较高，因此应使用专用的清洁剂和工具进行清洁。同时，在清洁后应仔细检查这些部件是否有损坏或老化现象，如有问题应及时更换。

精密部件：对于 GIS 中的精密部件（如触头、开关机构等），在清洁过程中需要特别小心。避免使用过于粗糙的工具或清洁剂，以免对部件造成损伤。在清洁后，应对这些部件进行仔细检查，确保其完好无损并符合装配要求。

4. 清洁后检查

目视检查：在清洁完成后，对 GIS 部件进行目视检查，确保部件表面无污渍、无水分、无杂质。同时，检查部件的密封性和绝缘性能是否良好。

质量检测：如果可能的话，可以使用专用的检测仪器对清洁后的 GIS 部件进行质量检测，如绝缘电阻测试、泄漏检测等。这些检测可以进一步确保部件的清洁度和性能符合要求。

（二）部件清洁见证要点

部件清洁见证要点见表 3-10。

表 3-10　部件清洁见证要点

步骤	要求	图示
绝缘件	使用酒精和无绒纸擦拭，每张纸只能使用一次。 绝缘拉杆、盆式绝缘子、绝缘台等表面清洁、光滑、无毛刺、不起层、无裂纹、无伤痕、无色调不均、无气泡、无受潮及异物附着。 绝缘件须经吸尘器吸附、使用酒精和无毛纸擦拭，每张纸只能使用一次。 绝缘件清洁如图 3-8 所示	 图 3-8　绝缘件清洁
密封圈	密封圈应使用蘸取液体清洁剂的无绒纸擦拭，清洁过程中操作人员应对密封圈进行检查。 确认以下情况不会发生： ——将密封圈浸没在清洁剂中。 ——预先清洁密封圈（密封圈应保存在密封的包装袋中，尽在即将安装密封圈的时候才从包装中取出对应的数量并清洁）。 密封圈无扭曲、变形、裂纹、毛刺等，并具有良好的弹性。 密封槽须用酒精和无毛纸擦拭清洁。 必要时使用百洁布打磨密封面和密封槽，再用酒精和无毛纸擦拭清洁。 密封圈清洁如图 3-9 所示	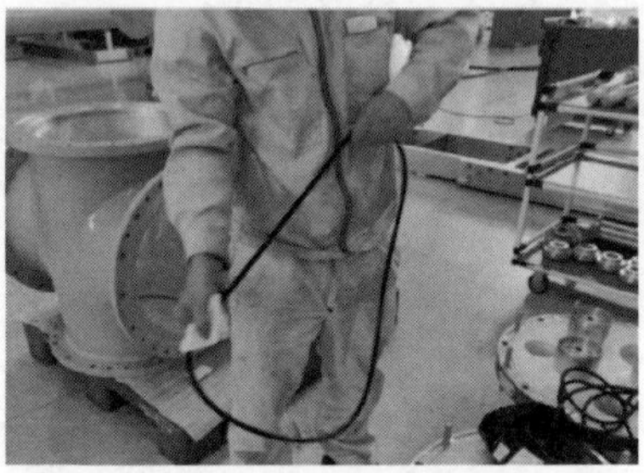 图 3-9　密封圈清洁
高压导体	为避免长期运行中的电压突降、温度升高和腐蚀，一次导体安装前应按如下要求清洁： ——接触面用钢丝刷清洁。 ——进一步使用酒精和无绒纸清洁。 导体类表面清洁、无凸起、无伤痕、无异物，镀银层是结晶细致平滑的银白色，无起层、无气泡。 触指、触头类无毛刺、无伤痕、无裂纹，镀银面无划痕、不起层、无斑点，银层是结晶细致平滑的银白色，光整后的银表面有光泽呈青白色。 导体、触指、触头等须经吸尘器吸附、使用酒精和无毛纸擦拭，每张纸只能使用一次。 必要时使用百洁布打磨，再用酒精和无毛纸擦拭清洁。 高压导体清洁如图 3-10 所示	 图 3-10　高压导体清洁

续表

步骤	要求	图示
绝缘拉杆	使用酒精和无绒纸擦拭，每张纸只能使用一次。 绝缘拉杆清洁如图 3-11 所示	 图 3-11　绝缘拉杆清洁
外壳	外壳须经吸尘器吸附，使用酒精和无绒纸擦拭，每张纸只能使用一次，清理后应覆盖防止灰尘和异物进入。 壳体类内腔表面清洁、无毛刺、无起层、无划痕、无砂眼、无铸造或焊接表面缺陷，外表面清洁、无划痕、掉漆。 所有密封面、法兰面（密封槽）无刀痕、无划痕、粗糙度、表面粗糙度达到要求。 外壳清洁如图 3-12 所示	 图 3-12　外壳清洁
防爆膜	使用酒精和无绒纸擦拭表面和密封面，每张纸只能使用一次。 防爆膜清洁如图 3-13 所示	 图 3-13　防爆膜清洁
电流互感器线圈	使用酒精和无绒纸擦拭，每张纸只能使用一次。 电流互感器线圈清洁如图 3-14 所示	 图 3-14　电流互感器线圈清洁

（三）清洁出现的质量问题

1. 导体存在异物引起耐受电压放电

（1）缺陷概况：500kV GIS 设备某间隔 B、C 两相绝缘试验时，机构对侧 DS 断口雷电冲击试验，第二次负极性试验时放电击穿，测量电压值为 1624.91kV，技术要求值为 1675kV。试验不通过。

（2）缺陷隐患或影响：GIS 内部导体存在毛刺等残留异物，在带电运行后可能造成局部放电，过电压时可能出现尖端放电或绝缘闪络，造成计划外停运事故。

（3）判定依据：GB/T 11022—2020《高压交流开关设备和控制设备标准的共用技术要求》、DL/T 617—2010《气体绝缘金属封闭开关设备技术条件》、招投标文件。

（4）技术要求：500kV GIS 设备雷电冲击试验电压值为 1675kV。在绝缘用最低 SF_6 功能气压下，采用标准要求的加压方式、进行正负极性各 3 次雷电冲击全波试验，不应发生击穿现象。

（5）缺陷原因：经气体筛查（试验检测棒反应不明显），初步判断为 B 相机构对侧 DS 气室异常。解体检查发现，TA 母线表面清洁处理不彻底、残留毛刺（见图 3-15），导致雷电冲击时毛刺对壳体放电（见图 3-16）。

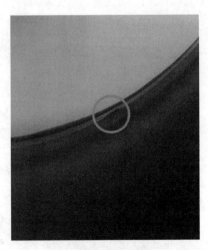

图 3-15　母线毛刺　　　　　　　　　图 3-16　放电痕迹

（6）处理过程：对 TA 母线毛刺位置进行打磨，对解体的气室进行清洁。复装后重新试验，试验通过。

（7）整改建议：厂家加强质量管控，内装作业时做好关键部件的表面打磨与清洁处理；监造人员重点关注上述问题，防止导体与外壳等位置存在毛刺。

2. 导体存在异物引起局部放电超标

（1）缺陷概况：220kV GIS 设备整间隔施加 460kV 持续 1min 后，降至 175kV 进行局部放电试验，局部放电值为 6.3pC，不合格，如图 3-17 和图 3-18 所示。

图 3-17　间隔局部放电超标　　　　　图 3-18　局部放电超标

（2）缺陷隐患或影响：局部放电超标，造成电场畸变，对杂质等异物有聚集作用，时间效应会使局部放电越来越大，长时间会造成突然放电的电力事故。

（3）判定依据：GB/T 7354《高电压试验技术　局部放电测量》、GB 7674《额定电压 72.5kV 及以上气体绝缘金属封闭开关设备》、招投标文件、监造作业标准。

（4）技术要求：电气试验局部放电量不应超标：≤5pC。

（5）缺陷原因：罐体内部或金属导体表面有微小金属尖端，在局部放电试验时发生电场畸变，引发轻微放电。

（6）处理过程：打磨导体表面的金属尖端，进行清洁后复装，试验合格。

（7）整改建议：供应商应加强控制工艺和洁净度，保持 GIS 内部的清洁度，加强控制，严控设备质量。

3. 绝缘子存在异物引起耐受电压击穿

（1）缺陷概况：500kV GIS 设备某间隔 A 相进行绝缘试验，机构侧 DS 断口、断路器断口雷电冲击试验、工频耐受电压试验通过。机构对侧 DS 断口雷电冲击试验通过，工频耐受电压试验时放电击穿（试验电压 740kV，加压时间 20s），如图 3-19 所示。

（2）缺陷隐患或影响：绝缘件表面存在异物，设备投运后可能存在局部放电或绝缘击穿风险，造成意外停运事故。

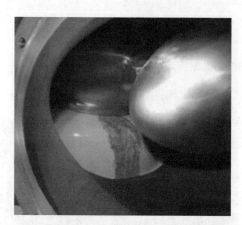

图 3-19　绝缘盆放电痕迹

（3）判定依据：GB/T 11022—2020《高压交流开关设备和控制设备标准的共用技术要求》、DL/T 617—2010《气体绝缘金属封闭开关设备技术条件》、招投标文件。

（4）技术要求：500kV GIS 设备工频试验电压值为 740kV，加压时间为 1min。在绝缘用最低 SF_6 功能气压下进行，不应发生击穿现象。

（5）缺陷原因：经气体筛查，判断为 A 相机构侧 DS 气室异常，拆开异常 DS 气室端盖，发现盆子与导电体对接面及导电体处有异物残留，工频耐受电压时由于设备轻微振动，因此导致异物掉落在绝缘盆表面引起放电。异物可能来自金属件清洗不彻底或装配前清擦确认不到位造成。

（6）处理过程：更换绝缘盆及相关导电体，重新组装此单元隔离开关，绝缘试验通过。

（7）整改建议：供应商应加强原材料及组部件的质量检验和管控，要求零部件水洗人员认真清洗、装配人员点检时仔细检查并二次确认，严控设备质量。

4. 导体触头缺陷

（1）缺陷概况：500kV GIL 设备到货检查，发现导体触座有毛刺（见图 3-20）、不光滑现象，梅花触头有污迹现象（见图 3-21）。

（2）缺陷隐患或影响：上述问题可能导致局部放电、绝缘击穿等问题。

（3）判定依据：招投标文件、监造作业标准。

（4）技术要求：导体表面不应有分层、针孔、起皮、气泡、夹杂等影响使用的缺陷。

图 3-20 导体触座不平整、有毛刺

图 3-21 梅花触头有污迹现象

（5）缺陷原因：

1）导体触座毛刺原因：铸件外协厂家送检后，周转时无保护叠放导致。

2）梅花触头污迹原因：触座镀银时，挂孔处会因工件及挂具移动等原因造成局部渗银现场，该污迹为渗上的镀银层。

（6）处理过程：受损部件进行更换、打磨，并彻底清洁。

（7）整改建议：厂家应加强装配、运输过程的管控，严格按照招投标文件刚性执行。

二、涂覆作业

GIS 设备中的金属部件在操作过程中需要保持高度的绝缘性能，以防止电气故障的发生。涂覆作业通过在金属表面形成一层绝缘层，能够显著提升设备的绝缘性能。这层绝缘层能够有效隔离金属部件与外界环境，阻止水分、尘埃等杂质对设备绝缘性能的影响，确保设备在长时间运行过程中绝缘性能的稳定性和可靠性。

GIS 设备通常运行在较为恶劣的环境中，如潮湿、腐蚀性气体等。这些环境因素会对金属部件造成腐蚀和锈蚀，从而影响设备的性能和寿命。涂覆作业在金属表面形成一层保护涂层，能够有效隔离金属部件与外界环境的直接接触，减少腐蚀和锈蚀的发生。这种保护涂层通常具有优异的耐腐蚀性，能够抵抗各种化学物质的侵蚀，确保设备在恶劣环境下的长期稳定运行。

涂覆作业在 GIS 设备的金属部件上形成一层坚硬的保护层，能够增强设备的耐用性。这层保护层能够抵抗机械磨损、冲击等外力作用，减少设备在运输、安装、使用过程中可能受到的损伤。同时，涂覆层还能够防止金属部件之间的直接接触和摩擦，减少设备的磨损和噪声，提高设备的运行效率和使用寿命。

（一）涂覆作业具体流程

1. 涂覆方法

根据涂覆材料和涂覆表面的特性，选择合适的涂覆方法。常见的涂覆方法包括喷涂、刷涂、滚涂等。喷涂适用于大面积、均匀的涂覆；刷涂适用于局部或小面积涂覆；滚涂则适用于大面积、平面的涂覆。

喷涂：使用喷枪将涂料均匀喷涂在涂覆表面上。喷涂时应注意喷涂压力、喷涂距离和喷涂角度，确保涂层均匀、无遗漏。

刷涂：使用刷子蘸取涂料，在涂覆表面上均匀涂刷。刷涂时应注意刷子的选择和涂刷的方向，避免涂层产生刷痕或气泡。

滚涂：使用滚筒蘸取涂料，在涂覆表面上滚动涂刷。滚涂时应注意滚筒的材质和尺寸，以及滚动的速度和方向，确保涂层均匀、无遗漏。

2. 涂覆工艺

根据涂覆材料的要求，确定涂覆的层数和每层涂覆的厚度。每层涂覆之间应确保涂层干燥、固化，避免涂层间产生气泡或剥离。同时，注意控制涂层的总厚度，避免过厚或过薄影响涂层的性能。

干燥与固化：每层涂覆完成后，应让涂层自然干燥或进行加热固化。干燥和固化的时间根据涂覆材料的要求而定。在涂层未完全干燥或固化前，应避免触碰或污染涂层。

涂层检查：在每层涂覆完成后，应对涂层进行检查。检查涂层是否均匀、无气泡、无裂纹、无剥落等现象。如发现问题，应及时进行修补或重新涂覆。

（二）涂覆作业见证要点

涂覆作业见证要点见表 3-11。

表 3-11 涂覆作业见证要点

步骤	要求	图示
导体及触头	导体接触面、触指等涂敷导电润滑脂。 导体及触头涂覆如图 3-22 所示	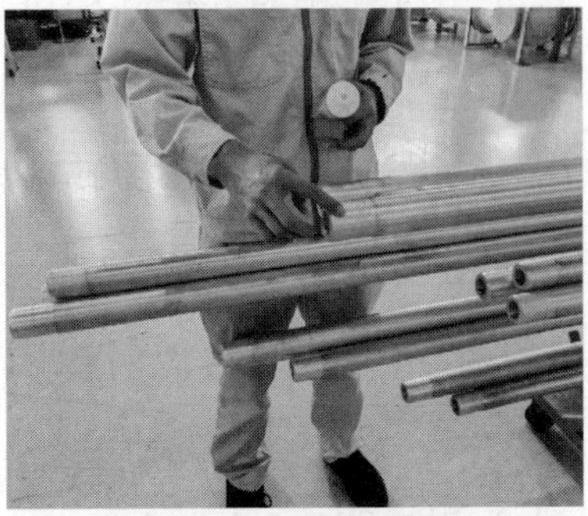 图 3-22 导体及触头涂覆
轴承	滑动密封、轴密封、轴承等涂敷润滑脂。 轴承涂覆如图 3-23 所示	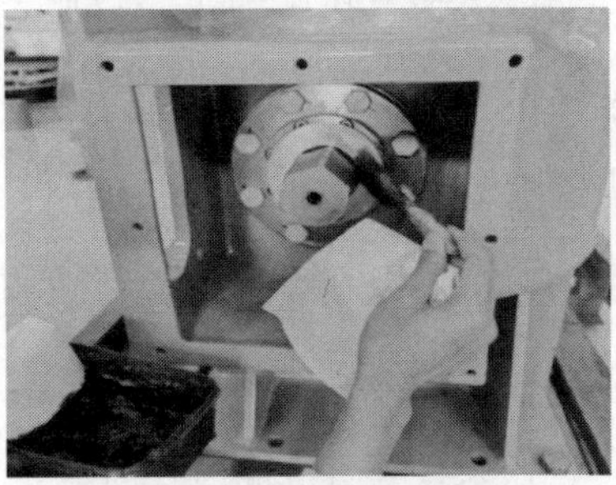 图 3-23 轴承涂覆
密封面	盆式绝缘子密封圈外侧对接面（法兰面）应涂（注）密封胶，防止密封圈老化和法兰面锈蚀。 户外 GIS 的法兰螺栓应采用带 O 形密封圈的防雨垫片或涂满防水胶。 密封面涂覆如图 3-24 所示	 图 3-24 密封面涂覆
箱体及构架	箱体（操动机构箱体、仪表箱、控制柜等）和机架接合部须涂敷防水密封胶（仅针对户外设备）。 箱体及构架涂覆如图 3-25 所示	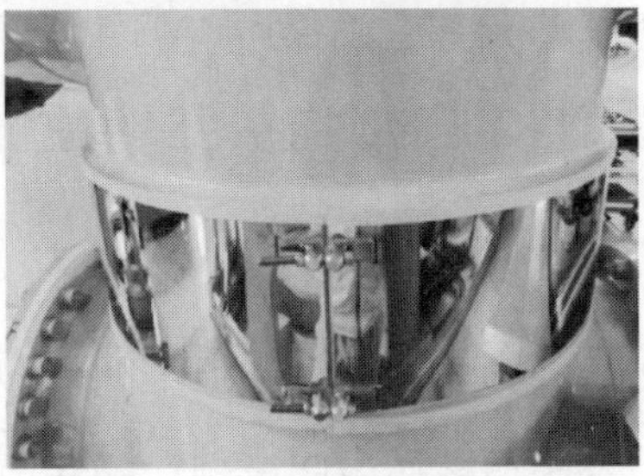 图 3-25 箱体及构架涂覆

三、紧固作业

保证电气连接的安全性和可靠性。GIS 设备中的电气连接是确保设备正常运行的关键。螺栓、螺母等紧固件在电气连接中起着至关重要的作用，它们通过提供机械压力和电气接触来确保电流能够稳定、可靠地传输。因此，在组合装配阶段，对紧固件进行正确的紧固作业至关重要。通过精确的力矩控制和均匀的紧固，可以确保电气连接紧密、无松动，有效防止因接触不良或松动导致的电气故障，保障设备的安全运行。

防止设备在运行中发生振动和松动。GIS 设备在运行过程中可能会受到各种力的作用，如电磁力、热应力等。这些力可能会导致设备中的紧固件发生振动和松动，进而影响设备的性能和可靠性。通过进行紧固作业，可以确保紧固件与设备之间的牢固连接，减少因振动和松动引起的故障风险。此外，合理的紧固力矩还可以减少设备在运行中的振动和噪声，提高设备的稳定性和舒适性。

预防设备在运行中发生泄漏。GIS 设备中的绝缘气体是维持设备正常运行的关键因素。如果设备中的紧固件存在松动或未紧固到位的情况，可能会导致气体泄漏，进而影响设备的绝缘性能和运行安全。通过进行紧固作业，可以确保紧固件与设备之间的密封性能良好，防止气体泄漏的发生。这对于保证设备的长期稳定运行具有重要意义。

（一）紧固作业具体流程

1. 识别与标记

在开始紧固之前，首先需要对所有需要紧固的部件进行识别和标记。这包括螺栓、螺母、垫片等，确保所有部件都已到位并且与图纸或技术规格书上的要求相符。同时，可以使用标记笔或标签对部件进行编号或标记，以便于后续的紧固工作。

2. 清洁与润滑

在紧固之前，确保连接部位的表面干净、无杂质。这有助于减少摩擦，提高紧固效果。如果需要使用润滑剂，应在清洁后涂抹适量的润滑剂在螺栓、螺母等连接部位。润滑剂的选择应根据设备的要求和连接部位的材质来确定。

3. 预紧操作

预紧是紧固作业中的一个重要步骤。使用适当的工具（如力矩扳手、螺钉旋具等）按照设计图纸或技术规格书的要求进行预紧。预紧的目的是使连接部位初步固定，为后续的交叉紧固和最终紧固打下基础。在预紧过程中，应注意控制预紧力矩的大小，避免过大或过小。

4. 交叉紧固

交叉紧固是确保连接部位均匀受力、避免应力集中的关键步骤。对于需要同时紧固多个螺栓或螺母的连接部位，应按照一定的顺序和方向进行交叉紧固。这通常意味着先紧固一个角或一侧的螺栓或螺母，然后再紧固另一个角或另一侧的螺栓或螺母。通过交叉紧固，可以确保连接部位的受力均匀，提高紧固效果。

5. 最终紧固

在完成预紧和交叉紧固后，使用力矩扳手按照规定的力矩值进行最终紧固。力矩扳手是确保紧固力矩准确、可靠的重要工具。在最终紧固过程中，应严格按照规定的力矩值进行操作，并避免过度紧固或未达到规定力矩值的情况。同时，应注意检查连接部位的紧固情况，确保所有部件都已正确固定并且没有松动或异常现象。

（二）紧固作业见证要点

紧固作业见证要点见表 3-12。

表 3-12 　　　　　　　　　　　　　紧固作业见证要点

步骤	要求	图示
紧固件	所有紧固件如螺栓、螺钉、销子等无漏装。 螺栓、拐臂等磷化件表面清洁、无毛刺、不起层、无锈蚀、无油污，经无水乙醇等清洁剂处理。 紧固件见证如图 3-26 所示	 图 3-26　紧固件

续表

步骤	要求	图示
紧固力矩值	力矩扳手应在检定有效期内。 螺栓应采用力矩扳手紧固，力矩值应达到技术标准的要求，紧固后须作力矩标记。 应采用双人互检的方式进行力矩紧固：一人用力矩扳手操作，一人用力矩扳手检查并作力矩标记。 紧固力矩值见证如图 3-27 所示	图 3-27　紧固力矩值

（三）紧固出现的质量问题

（1）缺陷概况：产品装配时，发现部分螺栓强度不符合技术协议中"螺栓强度不应小于 8.8 级"的要求。实际断路器机构箱盖板螺栓（见图 3-28）、吸附剂盖板螺栓（见图 3-29）、支架部分螺栓为 4.8 级。排查其余 9 台开关，共有 35 颗螺栓为 4.8 级。

图 3-28　断路器机构箱盖板螺栓

图 3-29　吸附剂盖板螺栓

（2）缺陷隐患或影响：螺栓强度不足，可能导致 GIS 密封不良、漏气、松动等问题。长期运行后，可能降低设备绝缘强度。

（3）判定依据：招投标文件。

（4）技术要求：螺栓强度不应小于 8.8 级。

（5）缺陷原因：其他工程螺栓采用 4.8 级，由于厂家管控不到位，因此导致螺栓混用。厂家未认真对待招投标文件，未严格执行相关要求。

（6）处理过程：更换强度不符合要求的螺栓。

（7）整改建议：应加强招投标文件的刚性执行力度，严格按协议生产。

四、抽真空、充气

（一）抽真空、充气的作用

1. 抽真空

（1）去除杂质和水分：GIS 设备在制造和装配过程中，可能会进入一些杂质、水分等不利于设备运行的物质。通过抽真空，可以有效地去除这些杂质和水分，保证设备内部的清洁和干燥。

（2）防止绝缘击穿：GIS 设备内部的气体绝缘介质（如 SF_6）对杂质和水分非常敏感。如果设备内部存在这些物质，可能会导致气体绝缘性能下降，甚至引发绝缘击穿事故。抽真空可以有效地避免这种情况的发生。

（3）保证设备的可靠性和稳定性：通过抽真空，可以确保 GIS 设备内部的气体绝缘介质在纯净、干燥的状态下运行，从而提高设备的可靠性和稳定性。

2. 充气

（1）恢复气体绝缘性能：在抽真空后，GIS 设备内部的气体绝缘介质被排出，因此需要重新充气以恢复其气体绝缘性能。SF_6 作为一种常用的气体绝缘介质，具有优异的绝缘性能和稳定性，能够有效地保证 GIS 设备的正常运行。

（2）满足设备运行需求：GIS 设备在正常运行过程中，需要一定的气体压力来保持其内部结构的稳定和密封性。通过充气，可以确保设备内部的气体压力满足运行需求，从而保证设备的正常运行。

（3）提高设备的运行效率：适当的充气压力可以减小设备内部的电阻和损耗，降低设备的运行温度，提高设备的运行效率。同时，充气还可以提高设备对外部环境的适应能力，如温度变化、压力波动等。

（二）抽真空、充气工艺流程

1. 抽真空

（1）连接真空系统。使用适当的连接管道和接头，将真空泵与 GIS 设备的气室连接起来。连接过程中要确保密封性良好，防止漏气。

检查连接处是否牢固，确保无泄漏现象。如果有泄漏，需要重新连接或更换密封件。

（2）开始抽真空。打开真空泵，开始抽真空过程。在抽真空的过程中，要注意观察真空计的变化，确保气室内的真空度逐渐降低。

当真空度达到预定的水平时（如 133Pa），开始计算时间，并维持真空泵运转 30min 以上。这是为了确保气室内的气体被充分抽出，达到所需的真空度。

（3）维持真空。在维持真空的过程中，要定期观察真空计的变化，确保气室内的真空度保持稳定。如果发现真空度下降，需要重新检查连接处是否有泄漏，并进行修复。

在维持真空的同时，要静观一段时间（如 30min），然后读取真空度 A。再静观更长时间（如 5h 以上），读取真空度 B。要求 $B-A \leqslant 67Pa$ 才算合格，否则需要检测泄漏点并进行修复。

2. 充气

（1）连接充气系统。使用适当的连接管道和接头，将 SF_6 气瓶与 GIS 设备的气室连接起来。连接过程中要确保密封性良好，防止气体泄漏。

在连接充气管道之前，可以稍微打开气瓶阀门，释放少量气体来吹扫管道和接头中的杂质和水分。

（2）开始充气。打开 SF_6 气瓶的阀门，开始充气过程。在充气的过程中，要注意观察压力表的变化，确保气室内的压力逐渐增加并达到预定的范围。

可以根据需要调整减压阀的设定值来控制充气速度。在充气过程中要保持适当的充气速度，避免过快或过慢导致的问题。

（3）维持压力。当气室内的压力达到预定值后，关闭 SF_6 气瓶的阀门。此时需要继续观察压力表的变化，确保气室内的压力保持稳定。

如果发现压力下降或波动较大，需要重新检查连接处是否有泄漏，并进行修复。

（三）抽真空、充气见证要点

抽真空、充气见证要点见表 3-13。

表 3-13 　　　　　　　　　　抽真空、充气见证要点

步骤	要求	图示
抽真空	抽真空应采用出口带有电磁阀的真空处理设备，且在使用前应检查电磁阀动作可靠，防止抽真空设备意外断电造成真空泵油倒灌进入设备内部。并且在真空处理结束后应检查抽真空管的滤芯有无油渍。为防止真空度水银倒灌进入设备中，禁止使用麦氏真空计。 应有气室抽真空记录（记录应至少包含起抽时间、停泵时间、停泵真空度、静置后真空度四项内容）。 抽真空时，真空度达到 133Pa 开始计算时间，维持真空泵运转至少在 30min 以上；停泵静置 30min 后读取真空度 A；再静观 6h 以上，读取真空度 B，$B-A$ 不应大于 67Pa，则认为密封良好，否则应进行处理并重新抽真空至合格为止。 抽真空方式如图 3-30 所示	 图 3-30　抽真空方式
充气	应有气室充气记录（记录应至少包含充气压力）。 充入 GIS 内的 SF_6 气体应为新气，且符合 GB/T 12022—2014《工业六氟化硫》的规定。 用气瓶直接充气时必须使用减压阀。 应防止相邻气室一边抽真空，一边充气到额定气压。相邻气室的压差绝对值不超过额定气压，应循环、多次充气到额定气压。 充气方式如图 3-31 所示	 图 3-31　充气方式

五、导体安装

导体是 GIS 设备中电气连接和传输的主要部分。通过导体的安装，可以确保设备内部各个部件之间的电气连接正确、可靠，实现电流的顺畅传输。这对于 GIS 设备的正常

运行和性能发挥至关重要。

在 GIS 设备中，导体不仅承载着电流的传输任务，同时也承担着保护设备安全的重要职责。正确的导体安装可以确保设备在遭受过电流、过电压等异常情况时，能够迅速切断故障电流，保护设备免受损坏。

导体安装的质量直接影响到 GIS 设备的可靠性和稳定性。优质的导体安装可以确保设备在长时间运行过程中，电气连接保持稳定、可靠，减少因接触不良、松动等原因导致的故障发生，从而提高设备的可靠性和稳定性。

（一）导体安装具体流程

1. 精确测量与定位

根据 GIS 设备的设计图纸和安装要求，使用测量工具（如卡尺、量角器等）精确测量导体的长度、直径、弯曲半径等参数。

在 GIS 设备内部确定导体的安装位置，并使用定位销、夹具等工具将导体与设备的其他部分进行初步对齐。

2. 安装与紧固

将导体按照预定的路径和位置放入 GIS 设备内部，确保导体与设备的其他部分紧密贴合，无间隙。

使用螺栓、螺母等紧固件将导体固定在设备上。在紧固过程中，要注意保持适当的力矩，避免过紧或过松。

对于需要多个导体连接的情况，要确保各导体之间的连接紧密、牢固，并且电气接触良好。

3. 接触面处理

导体与设备其他部分的接触面是电气连接的关键部位，需要特别处理。

使用专用的接触面清洁剂清洁接触面，去除表面的污垢和氧化物。

检查接触面是否有磨损或损坏，如有必要，进行修复或更换。

在安装完成后，使用力矩扳手等工具对紧固件进行复检，确保接触面的紧固力矩符合要求。

4. 检查与测试

完成导体安装后，进行全面的检查，包括检查导体的安装位置、紧固情况、接触面状况等。

使用专业的测试仪器对导体的电气性能进行测试，如测量电阻、进行耐受电压试验等。

根据测试结果对导体进行调整和优化，确保其符合设计要求和使用要求。

（二）导体安装见证要点

导体安装见证要点见表 3-14。

表 3-14　　　　　　　　　　　导体安装见证要点

步骤	要求	图示
接触面清洁	钢丝刷清洁 + 酒精无绒纸擦拭。 接触面清洁如图 3-32 所示	 图 3-32　接触面清洁
涂覆	导体接触面涂覆一薄层导电油脂。 导体涂覆如图 3-33 所示	 图 3-33　导体涂覆

续表

步骤	要求	图示
安装和紧固	螺栓的螺纹部分应涂抹油脂以减少紧固时带来的摩擦效应，而且有利于运行检修时的解体。 建议使用二硫化钼润滑脂。 应使用预设规定力矩值的力矩扳手紧固螺栓。 禁止使用气动工具紧固螺栓和螺母。 安装和紧固如图 3-34 所示	图 3-34　安装和紧固
回路电阻测试	采用不低于 100A 直流压降法测量母线回路电阻，符合产品技术条件要求。设计回路电阻值： A 相 <_____μΩ、B 相 <_____μΩ、C 相 <_____μΩ 回路电阻测试如图 3-35 所示	图 3-35　回路电阻测试

（三）导体安装出现的质量问题

（1）缺陷概况：500kV GIS 设备 1M 回路电阻测试时，实测值为 43.3μΩ，不符合 33（1±10%）μΩ 的厂家内控要求，如图 3-36 ~ 图 3-38 所示。

（2）缺陷隐患或影响：投运后存在发热隐患，带来用电安全风险。

图 3-36　现场测试图

图 3-37　测试点引出图

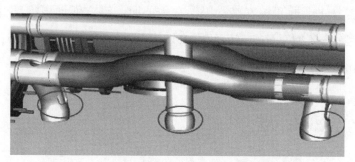

图 3-38　内部支撑导体与隔离开关处连接螺栓示意图

（3）判定依据：招投标文件，设计图纸。

（4）技术要求：母线回路电阻不应大于设计值：33（1±10%）μΩ。

（5）缺陷原因：母线隔离开关导体支撑力引起导体受力状态变化，导致接触不良，回路电阻不合格。

（6）处理过程：调整支撑导体与隔离开关处连接螺栓松紧，复装后试验合格。

（7）整改建议：供应商应加强工艺控制，操作规范化指引，严控设备质量。

六、法兰连接

法兰连接是 GIS 设备各部件之间的重要接口，通过精确的法兰连接，可以确保设备内部与外部环境的隔离，实现良好的密封效果。这对于 GIS 设备的气体绝缘性能至关重要，因为 GIS 设备内部通常充有 SF_6 等绝缘气体，需要防止外部空气、水分等杂质进入，以保持设备内部环境的纯净和干燥。

法兰连接不仅是物理连接，也是电气连接的重要部分。通过法兰连接，可以确保

GIS 设备内部各部件之间的电气连接畅通无阻，实现电流的顺畅传输。因此，法兰连接的电气接触性能对 GIS 设备的运行至关重要，需要保证连接紧密、电阻小、无发热等现象。

法兰连接还起到机械支撑和固定的作用。GIS 设备内部包含多个部件，如断路器、隔离开关、互感器等，这些部件需要通过法兰连接固定在设备内部，确保设备在运行时各部件之间的相对位置稳定，防止因振动、冲击等原因导致部件松动或损坏。

在 GIS 设备的运行过程中，难免会出现一些故障和问题，需要进行维护和检修。法兰连接的设计需要便于拆卸和安装，以便在需要时能够方便地更换部件或进行维修工作。此外，法兰连接还需要具有良好的可重复使用性，确保在多次拆卸和安装后仍能保持良好的密封和电气连接性能。

（一）法兰连接具体流程

1. 前期准备

清理：确保法兰连接面及其周围环境清洁，无尘埃、油污等杂质。使用专用的清洁剂或不起毛的擦拭纸配合无水酒精清洁密封槽和密封圈。

检查：检查法兰和密封圈是否有损伤、划痕或变形，确保其完好无损。同时，检查设备内部是否清洁，无遗留物品。

涂密封剂：在法兰的空气一侧均匀涂抹密封剂。注意不得使密封剂流入密封圈内侧，并确保在涂完密封剂后立即进行接口或盖封板操作，整个过程宜在 1h 内完成。

2. 法兰对接

初步对齐：根据设备的设计和安装图纸，将两个待连接的法兰进行初步对齐。这通常涉及调整法兰的角度、高度和位置，确保它们的中心线尽可能重合，法兰面平行。这是为了确保在后续步骤中，两个法兰能够顺利对接并紧密贴合。

插入导销：一旦两个法兰初步对齐，就可以插入导销了。导销的作用是在对接过程中提供引导和定位，确保两个法兰能够正确地对齐。导销通常对称地插入法兰孔中，数量一般为四根。在插入导销时，应确保它们能够自如地插入，没有卡阻现象。如果发现插入困难，应及时调整法兰位置，使其面对平。

3. 紧固连接

安装螺栓和螺母：在法兰对接完成后，需要使用螺栓和螺母将两个法兰牢固地连接在一起。在安装螺栓和螺母时，应注意选择适当的规格和型号，并严格按照设备的技术要求进行安装。

拧紧力矩：在紧固螺栓和螺母时，应使用力矩扳手等工具来控制拧紧力矩。力矩的大小应根据设备的技术要求来确定，以确保连接的牢固性和可靠性。同时，在拧紧过程中，应注意保持适当的力矩，避免过紧或过松。

检查紧固情况：完成拧紧后，应对法兰连接的紧固情况进行全面检查。这包括检查螺栓和螺母是否都已正确拧紧，是否有松动或遗漏的情况。如果发现问题，应及时进行调整和修正。

4. 检测与调整

中心位置检测：使用水平仪、铅锤等工具检测法兰连接的中心位置是否偏差。中心位置的准确性对于设备的正常运行至关重要，因此必须确保其在允许的范围内。如果发现偏差，应及时进行调整。

接触情况检测：检测法兰连接面的接触情况，确保其紧密贴合，无间隙。这可以通过观察、听声音或使用专业工具来进行。如果发现间隙或松动，应及时进行调整或加固。

气密性测试：如有需要，可以进行气密性测试，以确保法兰连接处无泄漏。这通常涉及在连接处施加一定的压力，并观察是否有气体泄漏的情况。如果发现泄漏，应及时进行修复和调整。

（二）法兰连接见证要点

法兰连接见证要点见表 3-15。

表 3-15　　　　　　　　　　　　　　　　法兰连接见证要点

步骤	要求	图示
绝缘子准备	（1）清洁绝缘子。 （2）清洁法兰圈和凹槽：酒精加无绒纸。 （3）在法兰紧固面用刷子涂覆一薄层防锈剂（如 Tectyl506 防锈油）。用无绒纸擦去涂抹到凹槽的防锈剂。 （4）在凹槽区域涂覆一薄层二硫化钼润滑脂。 绝缘子准备如图 3-39 所示	 图 3-39　绝缘子准备
密封圈准备	（1）清洁。 （2）用手涂覆油脂（凡士林、二硫化钼），操作员应同时触检密封圈的完整性。 （3）放置密封圈于凹槽内并擦去溢出凹槽的油脂。 （4）密封圈在涂覆后不能放置待用，即使只有很短的时间，必须马上使用，因为非常容易沾上灰尘。 密封圈准备如图 3-40 所示	 图 3-40　密封圈准备
外壳	（1）清洁法兰的密封面。 （2）在凹槽涂覆油脂并在法兰紧固面涂覆防锈剂。 外壳如图 3-41 所示	 图 3-41　外壳
装配和紧固	（1）待防锈剂干燥后可以将法兰面接合。 （2）装配前，仔细检查法兰面的清洁度。 （3）紧固到设计力矩值。 外壳装配和紧固过程中组件不可以整体压在绝缘子电极上，防止损坏高压电极。 装配和紧固操作如图 3-42 和图 3-43 所示	 图 3-42　正确操作

续表

步骤	要求	图示
		图 3-43 错误操作

七、防爆膜

防爆膜是 GIS 设备中的一个重要安全装置，其核心作用是在设备内部发生故障时，尤其是在内部电弧导致 SF_6 气体压力异常升高的情况下，提供一个压力释放的窗口。当内部压力超过设定值时，防爆膜会破裂，从而迅速降低设备内部的压力，避免设备外壳因过高的压力而爆炸。这种设计有效地保护了 GIS 设备及其周围环境的安全。

GIS 设备内部元件众多，结构复杂，一旦发生故障，可能会导致电弧持续燃烧，使 SF_6 气体迅速升温增压。如果没有防爆膜这样的安全装置，过高的压力可能会损坏设备的其他部件，甚至导致整个设备报废。防爆膜的作用就是在这种极端情况下，通过释放压力来保护设备的其他部分不受损害。

防爆膜的存在提高了 GIS 系统的整体可靠性。在设备运行过程中，即使发生了内部故障，由于防爆膜能够及时释放压力，避免了设备爆炸等严重事故的发生，从而保证了整个系统的稳定运行。这对于电力系统等关键领域来说，具有非常重要的意义。

（一）防爆膜安装具体流程

1. 准备阶段

检查防爆膜：在装配之前，首先要对防爆膜进行全面的检查。确认防爆膜的材料、尺寸、厚度等参数与设备的技术规格和要求相匹配。检查防爆膜是否有裂纹、划痕、变形等缺陷，确保防爆膜的质量和完整性。

准备工具：根据防爆膜的装配要求，准备所需的专用工具。这些工具可能包括螺钉旋具、扳手、扭力扳手、清洁布等。确保工具齐全且状态良好，以便顺利进行装配工作。

清洁工作：清洁是装配过程中的重要步骤。使用清洁布和适当的清洁剂（如无水酒精）清洁 GIS 设备内部和防爆膜安装位置。确保没有灰尘、油污、水分等杂质残留，以保证防爆膜能够紧密贴合且密封良好。

2. 定位与固定

确定安装位置：根据设备的设计图纸，确定防爆膜的安装位置和方向。注意检查安装位置是否有足够的空间供防爆膜膨胀和破裂，并确保安装位置与设备的其他部件无干扰。

初步定位：使用定位销、定位孔或其他定位工具，将防爆膜初步定位在 GIS 设备内部。确保防爆膜与设备的其他部件对齐，并处于正确的位置。

固定防爆膜：使用专用的固定件（如螺栓、螺母等）将防爆膜固定在设备内部。在固定过程中，注意控制紧固力度，避免过紧或过松。使用扭力扳手等工具，确保固定件的拧紧力矩符合设备制造商的要求。

3. 密封与检查

涂抹密封胶：在防爆膜与 GIS 设备之间涂抹专用的密封胶。密封胶的作用是填补防爆膜与设备之间的微小间隙，提高密封性能。确保密封胶涂抹均匀、无气泡，并覆盖整个密封面。

安装密封垫片：根据设备要求，安装专用的密封垫片。密封垫片通常放置在防爆膜与设备之间，起到增加密封性的作用。确保密封垫片与防爆膜和设备的接触面贴合紧密，没有间隙。

密封性检查：在完成密封后，进行密封性检查。可以使用气压测试设备，向 GIS 设备内部施加一定的压力，并观察防爆膜周围是否有泄漏现象。同时，也可以进行目视检查，观察防爆膜与设备之间的接触面是否紧密贴合，无气泡或杂质。

4. 测试与调整

压力测试：在防爆膜装配完成后，进行压力测试。通过向 GIS 设备内部施加逐渐增大的压力，模拟设备内部可能出现的异常情况。观察防爆膜在达到设定压力时是否能够正常破裂，并记录破裂压力值。确保防爆膜的性能符合设备的安全要求。

泄漏测试：除了压力测试外，还可以进行泄漏测试。通过向 GIS 设备内部施加一定的压力，并观察防爆膜及其周围区域是否有气体泄漏现象。使用泄漏检测仪器或肥皂水等方法进行检测，确保防爆膜及其密封性能良好。

调整与优化：根据测试结果，对防爆膜的装配进行调整和优化。如果发现防爆膜的性能不符合要求或存在其他问题，应及时进行调整和修复。同时，也可以对装配过程进行总结和改进，以提高装配质量和效率。

（二）防爆膜见证要点

防爆膜见证要点见表 3-16。

表 3-16　　　　　　　　　　　　　防爆膜见证要点

步骤	要求	图示
密封面准备	（1）清洁。 （2）用手涂覆一薄层润滑脂（凡士林、二硫化钼）。操作员应同时触检密封圈的完整性。 （3）密封圈在涂覆后不能放置待用，即使只有很短的时间，必须马上使用，因为非常容易沾上灰尘。 （4）放置密封圈于凹槽内并擦去溢出的油脂。 密封面准备如图 3-44 所示	 图 3-44　密封面准备
防腐蚀措施	用刷子在外表面涂覆一薄层防锈剂（如 Tectyl 506 防锈油）。 防腐蚀措施如图 3-45 所示	 图 3-45　防腐蚀措施

步骤	要求	图示
防爆膜片	（1）安装前检查密封面没有任何灰尘或异物。 （2）防爆膜片应朝向气室方向。 （3）确认导流罩的方向可以保障在事故状态下气流不会造成人身伤害。 　　防爆膜片如图 3-46 所示	 图 3-46　防爆膜片
装配和紧固	（1）紧固前，检查防爆膜片的对中性。 （2）紧固：使用扭力扳手等工具，注意控制紧固力度，确保固定件的拧紧力矩符合要求。 　　装配和紧固如图 3-47 所示	 图 3-47　装配和紧固

八、断路器开断系统

断路器开断系统是 GIS 中的核心控制元件。它能够在需要时关合或开断电路，从而实现对电力系统的灵活控制。这一功能对于电力系统的正常运行和调度至关重要。

当电力系统中出现故障，如短路、过负荷等异常情况时，断路器开断系统能够迅速响应并切断故障电路。这一功能可以防止故障电流的进一步扩大，从而保护电力系统和设备免受损害。同时，它也有助于降低故障对电力系统稳定性的影响，提高系统的可靠性。

在设备检修、更换或扩建时，断路器开断系统能够将待检修部分与正常运行的电力系统隔离开来。这不仅可以确保检修工作的安全进行，还可以避免对正常运行的电力系统造成影响。

在具体应用中，断路器开断系统的工作原理通常基于一定的电气参数和操动机构。

当检测到电路中的异常电流或电压时，操动机构会驱动断路器进行动作，实现电路的关合或开断。同时，断路器开断系统还需要具备足够的机械强度和电气性能，以承受系统中的高电压和大电流。

（一）断路器开断系统装配具体流程

1. 部件组装

根据断路器开断系统的装配图纸和说明书，首先将其各个部件进行组装。这包括断路器本体、操动机构、传动机构、灭弧室等关键部件。

在组装过程中，需要特别注意各部件之间的配合面和连接点。确保它们之间的尺寸和形状精确匹配，避免在后续的安装过程中出现问题。

保持部件的清洁至关重要。在组装前，应使用清洁布和适当的清洁剂对部件进行清洁，以去除表面的灰尘、油污等杂质。

2. 安装到 GIS 设备中

组装完成后，需要将断路器开断系统安装到 GIS 设备中。首先，要确定好断路器开断系统在 GIS 设备中的安装位置和方向。

使用吊装工具将断路器开断系统吊装到安装位置附近。在此过程中，要确保吊装过程平稳、安全，避免对设备造成损坏。

将断路器开断系统与 GIS 设备的其他部件进行连接。这包括与母线、进出线套管、接地开关等部件的连接。在连接过程中，要使用专用工具进行紧固，确保连接牢固可靠。

注意对密封面的处理。在密封面上涂抹适量的密封胶，然后将其与 GIS 设备的法兰进行连接。在连接时，要确保密封面完全贴合，无间隙、无泄漏。

对于法兰连接处，还需要使用密封环进行密封处理。将密封环放置在法兰连接处，然后使用螺栓进行紧固。在紧固过程中，要注意控制螺栓的拧紧力矩，避免过紧或过松。

3. 检查与调整

安装完成后，对断路器开断系统进行全面的检查。检查各部件之间的连接是否牢固、密封是否良好、传动机构是否灵活等。

如果发现有问题或不符合要求的地方，要及时进行调整和修复。例如，如果发现密封面有泄漏现象，可以重新涂抹密封胶或更换密封环；如果发现传动机构不灵活，可以调整传动机构的紧固件或更换相关部件。

在检查和调整过程中，要特别注意安全。避免在带电或高压状态下进行操作，确保人身安全和设备安全。

（二）断路器开断系统见证要点

断路器开断系统见证要点见表 3-17。

表 3-17　　　　　　　　　　　断路器开断系统见证要点

步骤	要求	图示
主回路触指	（1）触指应整齐排列在触指座上，均匀分布形成一圈。 （2）螺旋弹簧安装在触指外侧以保障必要的接触压力。 主回路触指如图 3-48 所示	 图 3-48　主回路触指
绝缘拉杆	绝缘拉杆编号应记录在装配跟踪记录卡上。 绝缘拉杆如图 3-49 所示	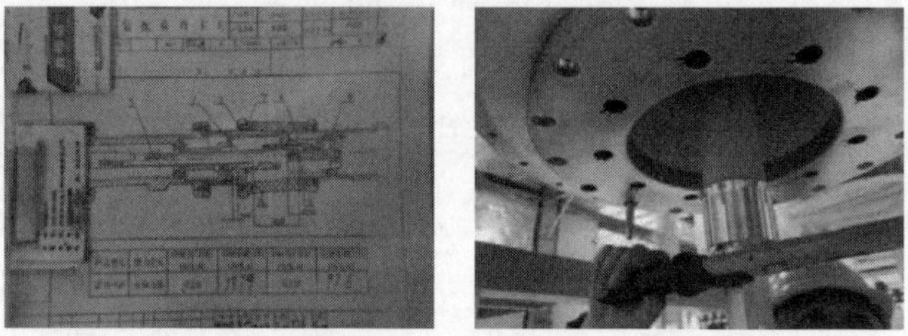 图 3-49　绝缘拉杆
在外壳内安装灭弧室	安装灭弧室如图 3-50 所示	 图 3-50　安装灭弧室

步骤	要求	图示
动触头试动	检查触头行程末段是否平顺。 动触头试动如图 3-51 所示	 图 3-51　动触头试动

九、隔离接地开关触头装配

隔离接地开关触头在分闸状态下，具有明显可见的断口，能够有效地隔离需要检修或分段的线路与带电的线路。这是确保电力系统安全检修和维护的基础，可以避免在检修过程中发生电击或短路等危险情况。

接地开关触头在合闸状态下，能使与其相连的主回路可靠接地。这一功能对于电力系统的安全至关重要，因为在某些情况下，如设备故障或线路维修时，需要将设备与大地相连，以释放残余电荷和防止电击。

（一）隔离接地开关触头装配具体流程

1. 检查与预处理

（1）外观检查。

1）对隔离接地开关触头进行外观检查，确认其表面无划痕、凹陷、变形等明显的物理损伤。

2）检查触头与连接件的接触面是否平整，无锈蚀、氧化或其他污染物。

（2）尺寸检查。

1）使用测量工具（如游标卡尺、千分尺等）对触头的关键尺寸进行测量，确保其符合设计要求和制造标准。

2）特别注意检查触头的接触部分和配合部分的尺寸，确保其与 GIS 设备的其他部件能够正确配合。

（3）预处理。

1）清洗触头：使用专用清洁剂或酒精对触头进行清洗，去除表面的油污、灰尘和其他污染物。清洗后应确保触头表面干燥、无残留物。

2）润滑触头：在触头的滑动部分涂抹适量的润滑剂，以减少摩擦和磨损，提高触头的使用寿命。

2. 装配触头

（1）安装动触头。

1）将动触头放置在操动机构的基座上，确保其与基座之间的配合面贴合紧密。

2）使用专用工具（如扳手、螺钉旋具等）将动触头固定在基座上，确保固定牢固、无松动。

3）调整动触头的位置和方向，确保其与静触头在闭合时能够完全接触。

（2）安装静触头。

1）将静触头放置在 GIS 设备中预定的位置，确保其安装方向正确、位置准确。

2）使用专用夹具或工具将静触头固定在设备上，确保固定牢固、无晃动。

注意检查静触头的安装高度和角度，确保其与动触头在闭合时能够形成良好的接触。

（3）调整触头间隙。

1）使用专用工具（如间隙调整器、塞尺等）测量动触头和静触头之间的间隙。

2）根据设计要求调整间隙大小，确保其在规定的范围内。间隙过大或过小都可能影响触头的接触性能和电气性能。

3）调整完成后，再次检查触头的位置和间隙，确保无误。

（二）隔离接地开关触头装配见证要点

隔离接地开关触头装配见证要点见表 3-18。

表 3-18　　　　　　　　　　　隔离接地开关触头装配见证要点

步骤	要求	图示
试动检查动触头和触指接触情况	此操作可以检查触指和螺旋弹簧装配是否合格。动触头和触指如图 3-52 所示	 图 3-52　动触头和触指
操动机构：连接杆、拐臂和绝缘轴装配	绝缘部件的编号应当记录。操动机构如图 3-53 所示	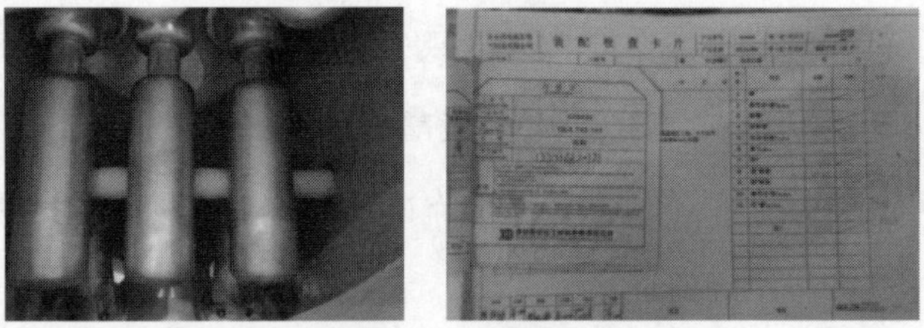 图 3-53　操动机构
操动机构安装在外壳中	检查触头行程末段是否平顺。操动机构安装如图 3-54 所示	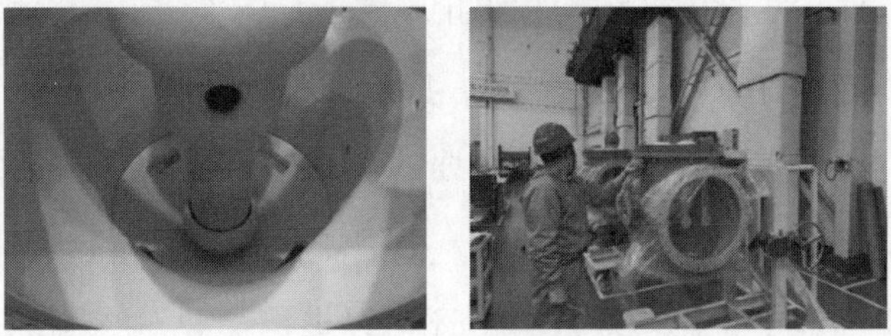 图 3-54　操动机构安装

十、电流互感器线圈装配

电流互感器线圈的主要功能是将高电压线路中的大电流转换为标准化的小电流，以便进行准确的电流测量。一次绕组匝数很少，串在需要测量的电流的线路中，因此它经常有线路的全部电流流过。而二次绕组匝数比较多，串接在测量仪表和保护回路中，这样可以将高电流按比例转换成低电流，以供检测仪表使用。

电流互感器不仅起到电流变换的作用，还实现了电气隔离。这意味着高压系统和低压系统之间的电气连接被断开，从而保护了测量仪表、继电保护等二次设备免受高电压的直接影响。这种隔离功能确保了二次设备的安全性和可靠性。

电流互感器线圈提供的电流信息对于电力系统的保护和监控至关重要。通过测量和监控电流的变化，可以及时发现电力系统中的故障或异常情况，并采取相应的保护措施，如断开故障电路、启动备用电源等。此外，电流互感器还可以与继电保护装置配合，实现电力系统的自动化控制和优化运行。

（一）电流互感器线圈装配具体流程

1. 检查与预处理

在进行电流互感器线圈的装配之前，需要进行一系列的检查与预处理工作。

首先，对电流互感器线圈进行外观检查，确认其表面无明显的损伤、锈蚀、油污等。这是为了确保线圈在运输和存储过程中没有受到损害，同时避免这些因素对线圈的性能产生不良影响。

其次，对线圈的绝缘层进行检查，确认其是否完好，无破损、无老化现象。绝缘层是保护线圈内部结构和防止电气击穿的关键部分，因此必须确保其完好无损。如果发现绝缘层有破损或老化现象，应立即进行修复或更换。

最后，对线圈进行必要的预处理。这包括清洗线圈表面，去除油污、灰尘等杂质，确保线圈的清洁度。同时，根据需要对线圈进行干燥处理，以防止线圈内部的水分对设备性能产生影响。此外，还可以根据需要对线圈涂覆绝缘漆，以提高其绝缘性能和耐用性。

2. 装配线圈

在装配电流互感器线圈时，首先，需要将线圈放置在预定的安装位置。这需要根据设计图纸和设备要求来确定线圈的具体位置和方向。然后，使用专用夹具或工具将线圈固定在设备上。在固定过程中，要确保线圈与设备的其他部件配合紧密，固定牢固，无晃动现象。同时，要注意不要损坏线圈的绝缘层和内部结构。

在装配过程中，还需要注意线圈的连接方式。根据设计图纸和设备要求，将线圈与主回路、测量仪表等连接起来。在连接过程中，要确保连接线的规格、长度和连接方式符合要求，连接牢固可靠。同时，要注意连接线的绝缘性能和耐用性，以确保其不会对设备性能产生不良影响。

3. 连接与测试

电流互感器线圈装配完成后，需要进行必要的连接与测试工作。首先，根据设计图纸和设备要求，将线圈与主回路、测量仪表等连接起来。在连接过程中，要注意连接线的规格、长度和连接方式，确保连接牢固可靠。然后，进行必要的测试工作。这包括绝缘电阻测试、变比测试等。绝缘电阻测试是验证线圈绝缘性能的重要手段，通过测量线圈的绝缘电阻值来判断其是否满足要求。变比测试则是验证线圈测量精度的关键步骤，通过测量线圈在不同电流下的输出电压值来计算其变比是否符合要求。

（二）电流互感器线圈见证要点

电流互感器线圈见证要点见表 3-19。

表 3-19　　　　　　　　　　　　　电流互感器线圈见证要点

步骤	要求	图示
线圈装配	（1）确保电流互感器线圈在安装前得到恰当的清洁。 （2）安装人员应注意极性，应按照图纸和电路图安装。 （3）线圈之间要安装橡胶缓冲垫。 （4）安装绝缘压板。 （5）安装隔离罩。 线圈装配如图 3-55 所示	 图 3-55　线圈装配
二次接线	（1）二次馈线应牢固连接在接线柱上。 （2）二次馈线的外绝缘上应有标号或标记。 （3）接线柱 S2 应良好接地。 （4）检查终端接线良好，如有必要抽检紧固螺钉。电流互感器不应在二次回路开路的情况下工作。 二次接线如图 3-56 所示	 图 3-56　二次接线

步骤	要求	图示
二次接线端子安装在外壳上	安装人员应注意密封，根据要求安装密封圈。 二次接线端子安装如图 3-57 所示	 图 3-57　二次接线端子安装

十一、装配终检

最终封闭前，应对外壳内部进行清洁，可以使用吸尘器。对于气通盆式绝缘子，应当尤其注意避免元件和灰尘掉落到气室内部（例如在最终封闭前用临时防护罩覆盖孔洞）。建议最终封闭前通过绝缘子孔洞目检气室内部的清洁度。法兰装配结束后，应使用塑料薄膜或临时防护罩覆盖 GIS 外壳，防止灰尘或异物进入。

装配终检见证要点见表 3-20。

表 3-20　　　　　　　　　　　装配终检见证要点

步骤	要求	图示
装配终检	（1）最终封闭前，应对外壳内部进行清洁，可以使用吸尘器。 （2）对于气通盆式绝缘子，应当尤其注意避免元件和灰尘掉落到气室内部（例如在最终封闭前用临时防护罩覆盖孔洞）。建议最终封闭前通过绝缘子孔洞目检气室内部的清洁度。 （3）法兰装配结束后，应使用塑料薄膜或临时防护罩覆盖 GIS 外壳，防止灰尘或异物进入。 装配终检如图 3-58 所示	 图 3-58　装配终检

十二、装配后整体检查

（一）GIS（H-GIS）结构型式

110kV GIS 应设计为三相共箱式结构。

220kV GIS（H-GIS）可设计为如下型式：①全单相式结构（单相一壳）；②主母线三相共箱，断路器和分支母线单相式结构；③主母线和分支母线三相共箱，断路器单相式结构。

500kV GIS（H-GIS）应设计为全单相式结构（单相一壳）。

110kV GIS（H-GIS）的间隔宽度应为 1500mm，220kV GIS（H-GIS）的间隔宽度应为 3000mm，220kV GIS（H-GIS）如采用三相分箱，相间距不能小于 800mm，应方便运维和检修，可单独完成单相的拆解、更换等检修工作。

（二）断路器结构

110kV GIS 断路器应设计为单断口，三相机械联动操作。

220kV GIS 断路器应设计为单断口，可分相操作（除特殊要求为三相机械联动外）。

500kV GIS（H-GIS）断路器应设计为单或双断口，可分相操作。

220kV 及以下 GIS（H-GIS）的主变压器、母联和分段间隔的断路器宜采用三相机械联动。

（三）断路器控制要求

分相操作的断路器应能有选择地对三相中的任一相进行单相分闸和单相合闸，也应能够进行正常的三相同步操作。当发生相间或相对地故障时，断路器应能单相有选择地或三相同时分闸和重合闸，而且应满足重合闸不成功立即分闸的要求。

三相机械联动的断路器应能进行正常的三相同步操作。当发生相间或相对地故障时，断路器应能三相同时分闸和重合闸，而且应满足重合闸不成功立即分闸的要求。

合闸监视回路应能监视"远方／就地"切换把手、断路器辅助触点、合闸线圈等完整的合闸回路。

同一 GIS 设备间隔汇控柜的"远方／就地"切换钥匙与"解锁／联锁"切换钥匙不应为同一把钥匙。

（四）操作闭锁

GIS（H-GIS）中断路器应装设操作闭锁装置，当某种操作会危及断路器的安全时，应对其操作予以闭锁。分闸闭锁应可防止断路器在不允许分闸的情况下进行分闸操作。合闸闭锁应能防止断路器在不能安全地进行一个完整的合分或自由脱扣操作时进行合闸操作。

（五）防止跳跃

操动机构应配备电气防止跳跃装置（且防跳回路应有明显分界点，可现场方便脱出以上回路）。当断路器被一持续合闸信号合闸于故障时，防跳装置应能防止断路器反复地进行分闸和合闸，并具有保证合—分时间的能力。

同时防跳回路中需配置就地／远方切换功能，满足当就地操作时使用断路器本体的防跳，当远方操作时不使用断路器本体的防跳的要求，并提供短接片供用户选择使用此项功能。

注："此项功能"是指远方操作时用户可以选择使用本体防跳或者远方防跳。

（六）三相不一致保护

非三相机械联动操作的断路器本体三相不一致保护应按单套配置，分别跳断路器两个跳闸线圈。

三相不一致继电器应能使断路器发生三相位置不一致时候，应可实现已合闸相立即分闸，且须有一副动合触点引至汇控柜的端子排上。鉴于目前三相不一致继电器的试验按钮在现场已不再使用，不再选用带有试验按钮的继电器。

断路器应设置本体三相不一致保护跳第一组分闸线圈连接片、跳第二组分闸线圈连接片。

断路器本体三相不一致保护动作后宜启动就地防跳功能。

储油罐油泵电机电源回路及液压系统的控制和报警回路应接到主控制柜端子排上。报警回路应包括两个电气上独立的触点。

（七）断路器机构

GIS 的断路器应装设两套完全一样的分闸装置，包括以下各项，但不仅限于这些：

（1）每相（台）有两个电气上独立的且相同的分闸线圈，两个分闸线圈分别或同时动作时不应影响分闸操作。

（2）两套分闸装置相互间应电气独立，而且采用相同的接线方式及保护设备，并分别与二套独立的控制或分闸电源连接。

上面所指的要求仅是两套完全一样的电气分闸装置，不应理解为要求提供任何双重的机械部件。

两个分闸线圈各有一个动铁芯，不应采用叠加布置，避免其中一个铁芯卡涩影响另一个铁芯动作。

（八）分、合闸线圈

分闸线圈的功率应小于 500W，合闸线圈的功率应小于 500W。

分、合闸线圈动作电流不应小于 50mA，以便提供连续的监视。

分、合闸线圈的通流能力应满足在额定电源电压下或额定电流下通电 10 次，每次 1s，两次通电时间间隔取 10s，线圈不烧毁，且温升不超过 40K。

分、合闸线圈骨架应采用耐热等级不低于 E 级的绝缘材料。

分、合闸线圈长期通过电流 50mA 不应发生烧坏和误动作。

分、合闸线圈安装位置应方便更换，其二次线便于测量阻值。

分、合闸线圈外表或机构箱铭牌处应标明分、合闸线圈型号、生产厂家、阻值、电压信息，分、合闸线圈机构见图 3-59。

图 3-59　分、合闸线圈机构

（九）分、合闸线圈的连接

分、合闸线圈的连接应满足以下要求：合闸线圈和第一分闸线圈使用一组电源，第二分闸线圈使用另一组电源；应将合闸线圈的正极通过动断辅助触点"b"与端子排相连；应将分闸线圈的正极通过动合辅助触点"a"与端子排相连。

（十）辅助开关

辅助开关应适合开关装置的规定电气和机械操作循环的次数。

断路器和隔离开关的辅助开关应和主触头直接机械联动，在两个方向上都应是正向驱动的。应采用金属连杆或齿轮传动，不应使用皮带、钢丝绳等传动。

断路器辅助开关的切断容量不应小于 DC 110V，5A 或 DC 220V，2.5A。

注：按照 DL/T 402—2016《高压交流断路器》中明确规定："3.6.108，正向驱动操作按规定要求，设计用来保证机械开关装置的辅助触头所处位置与主触头分闸和合闸位置一致的操作"，即要求辅助触头所处位置到达分/合闸位置时，保证所有主触头都处于分/合闸位置。断路器辅助开关如图 3-60 所示。

图 3-60　断路器辅助开关

（十一）继电器

需配备用于 GIS（H GIS）中断路器分闸和合闸所必需的中间继电器和闭锁控制继电

器等，如图 3-61 所示。所有涉及断路器直接分闸的出口中间继电器应采用动作电压在额定直流电压的 55%～70% 范围内、动作功率不低于 5W 的中间继电器。

直流电压为 220V 的直流继电器线圈的线径不宜小于 0.09mm，如用线圈线径小于 0.09mm 的继电器时，其线圈须经密封处理，以防止线圈断线。信号回路可以采用小于 0.09mm 线径的继电器。

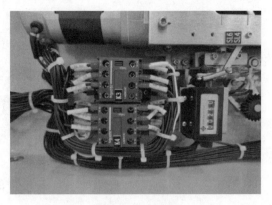

图 3-61　继电器

继电器触点材料不应采用铁质，继电器接线端子应采用铜材质，紧固螺栓和压片采用铜或不锈钢材质。

断路器本体三相不一致保护时间继电器应采用时间刻度范围在 0.5～5.0s 内连续可调，可调步长不应大于 0.1s，刻度误差与时间整定值静态偏差不大于 ±0.1s 的高精度时间继电器。时间继电器应确保在断路器振动时，时间定值不发生偏移，且保证在强电磁环境下运行不易损坏，不发生误动、拒动。该保护用跳闸出口重动继电器宜采用启动功率不小于 5W、动作电压介于 55%～65%U_e、动作时间不小于 10ms 的中间继电器。

针对中间继电器、时间继电器、接触器等关键元件，应提供机械寿命、电寿命、动作特性、EMC 电磁兼容等型式试验和常规试验报告。

（十二）断路器液压（含液压弹簧）操动机构（适用时）

液压机构应采用集成式、模块化结构，电机油泵、控制阀、油压开关、油箱、信号缸和工作缸之间没有外部管路连接，如图 3-62 所示。

每台液压机构应配备自身的液压设备，如油泵、储压筒、液压表计、控制装置、连接管路和阀门等。油泵由单相（交流 220V）或三

图 3-62　断路器液压（含液压弹簧）操动机构

相（交流 380V）电动机驱动。电动机和油泵应能满足 60s 内从重合闸闭锁油压打压到额定油压和 5min 内从零压充到额定压力的要求。机构打压超时应报警。

储压筒的容量应满足压力降到自动重合闸闭锁压力之前，在不启动油泵的情况下也能连续进行两次合分闸或一次分—0.3s—合分操作循环。

应设置操作压力监视装置，并给出各报警或闭锁压力的定值（停泵、启泵、压力异常的告警信号及分、合闸、重合闸闭锁）及相应的贮压筒活塞杆行程或弹簧储能压力行程。当压力降低超限时应报警，超过规定值时应进行相应的闭锁。断路器分、合闸压力异常闭锁功能应由断路器本体机构实现，220kV 及以上电压等级断路器应能提供两组完全独立的跳闸压力闭锁触点供继电保护使用，220kV 及以上电压等级线路断路器还应能提供两组完全独立的重合闸压力闭锁触点供继电保护使用。液压机构应配有机械的防慢分装置，保证机构泄压后重新打压时不发生慢分。同时应具备零压闭锁功能，当压力降为零时闭锁油泵的启动打压。

液压机构应设有安全阀、过滤装置和油泵启动次数计数器。

液压油和氮气应符合相应的标准。

液压操动机构 24h 内启动不超过 6 次。

配备完整操作系统所需要的全部控制设备、压力开关、压力调节器、泵、电动机、操作计数器、阀门、管线和管道以及其他辅助设备。

户外液压操动机构应设置防雨措施。

（十三）断路器弹簧操动机构（适用时）

由储能弹簧来进行分闸和合闸操作，分闸弹簧和合闸弹簧应分别设置，如图 3-63 所示。当断路器处于合闸位置、分合闸弹簧储足能量时，应能满足 "O–0.3s–CO–180s–CO" 的额定操作循环要求。

在合闸操作完成以后，对合闸弹簧的重新储能，应由电动机在 30s 内完成。

弹簧操动机构应能可靠防止发生空合操

图 3-63　断路器弹簧操动机构

作，应有机械联锁保证机构处于合闸和储能位置时，不能再进行合闸动作。

机构动作应灵活，储能及手动或电气分、合闸等各项操作过程中不应出现卡死、阻滞及过储能等异常现象。

断路器处于断开或闭合位置，都应能对操作弹簧储能。

断路器弹簧机构未储能触点不得闭锁跳闸回路。

应采用机械装置指示操作弹簧的储能状态。在就地应有手动弹簧释放装置，并设有防止"误操作"的装置。

合闸储能电动机端部电压，应为单相 AC 220V 或三相 AC 380V。

户外弹簧操动机构应设置防雨措施。

（十四）断路器机构箱

机构箱的外壳应采用防锈性能不低于优质 304 不锈钢（厚度不小于 2mm）或铸铝的材质，应采取有效的防腐、防锈措施，确保在使用寿命内不出现涂层剥落、表面锈蚀的现象，并提供外壳材质的盐雾试验报告，如图 3-64 所示。

机构箱的外壳提供的防护等级应符合不低于 IP4X（户内）和 IP554W（户外）的要求。电

图 3-64　断路器机构箱

缆入口处的门、盖板等应设计成在电缆正确安装后能达到低压辅助和控制回路外壳规定的防护等级。所有通风口的门应予以屏蔽或者其布置能达到为外壳规定的相同的防护等级。

机构箱的外壳应有足够的机械强度，抗机械撞击水平优选为 IK07（2J）。

机构箱应能防寒、防热、防潮、防水、防尘，应通风良好，并有密网孔的过滤网防止昆虫进入。各面板采用整体冲压（剪）或铸造工艺制造。柜体正面装有铰接门，门具有橡皮密封垫及不锈钢门把手、碰锁和扣锁装置。可拆装的盖板开口装配在柜的底部，以便电缆管线和空气管道接入柜内。

机构箱应装设有机械式的分合闸位置指示器。所有指示应布置成从巡视通道清晰可见，否则应提供一个适合的平台或梯子。位置指示器的颜色和标示应符合相关标准要

求：红色表示合闸，绿色表示分闸，同时合闸位置应用字符"合"或"I"标示，分闸位置应用字符"分"或"O"标示。

机构箱应装设有接触面积不小于360mm²、截面面积不小于100mm²的接地铜排作为二次回路的接地，并与机构箱绝缘。

机构箱应配有与接地线连接的接地螺栓，螺栓的直径不小于12mm。机构箱门应配不小于8mm²接地过门多股铜线。

（十五）隔离开关和接地开关

GIS（H-GIS）中隔离开关和接地开关应符合GB/T 1985《高压交流隔离开关和接地开关》的要求。

隔离开关和接地开关应有可靠的分、合闸位置和便于巡视的指示装置，分合闸位置应划线标识。对分相式结构GIS（H-GIS），隔离开关和接地开关为三相机械联动且有外部传动连杆的，应每相装设一个位置指示器。隔离开关和接地开关采用相间连杆传动时，应每相独立设置分合闸指示，以反映各相隔离开关和接地开关实际分合位置，如图3-65所示。

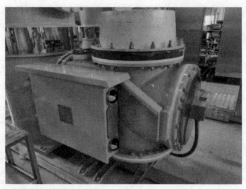

图 3-65　隔离开关和接地开关

如需要可配制便于观察触头的位置观察窗。

隔离开关和检修接地开关应配置电动操动机构，线路侧接地开关应采用快速接地开关，快速接地开关应配置电动弹簧操动机构。

隔离开关宜具备位置双确认功能，以满足远方操作确认或一键顺控操作要求。

隔离开关转动和传动部位应采取润滑措施和密封措施，在寒冷地区应采用防冻润滑剂。万向轴承宜采用不锈钢材质（带尼龙衬套）。

为方便测量回路电阻，接地开关和快速接地开关的接地端子应与 GIS 外壳绝缘后再接地，该处的接地应采用接地铜排直接接地型式，不可再通过其他的回路。接地端子设计应便于拆卸并注明相序，可耐受幅值 20kV、脉宽 20μs、频度每秒不少于 20 次脉冲电压。

隔离开关和接地开关不应因运行中可能出现的各种力（包括短路而引起的力）而误分或误合。

隔离开关应具有开、合小电流（包括感性小电流和容性小电流）的能力；母线隔离开关应具有开、合母线转移电流（即环流）的能力；快速接地开关应具有开、合感性电流及关合两次额定短路电流的能力。隔离开关切合空载母线时产生的特快瞬态过电压（VFTO）不得损坏相关设备。

除非隔离开关和接地开关的动触头分别到达其合闸或分闸位置，否则不应该发出合闸和分闸位置指示和位置信号。

隔离开关位置信号应在主触头直接机械硬联动的辅助开关上取信号，不应通过增加微动开关或行程开关来实现。

对于三工位隔离开关应具备机械联锁，并在每一相加装三工位位置标识装置。

（十六）隔离开关和接地开关电动操动机构

隔离开关和接地开关电动操动机构如图 3-66 所示，机构动作应灵活，分、合操作过程中不应出现卡死、阻滞等异常现象。

电动操动机构应能远方及就地操作，并应装设供就地操作用的手动分、合闸装置。手柄总长度（包括横柄长度在内）不应大于 1000mm，操作力不大于 200N，其机构的终点位置应有足够强度的定位和限位装置，且在手动分、合闸时能可靠闭锁电动回路。电动操动机构处于任何动作位置时均应能取下或打开操动机构的箱门，以便检查或修理辅助开关和接线端子。

户外电动操动机构应设置防雨措施。

图 3-66　隔离开关和接地开关电动操动机构

（十七）电动弹簧操动机构

由弹簧储能后自动释放来实现快速合闸操作，机构动作应灵活，储能及分、合闸等各项操作过程中不应出现卡死、阻滞等异常现象。

电动弹簧操动机构应能电动和手动操作，具备手动慢分 / 慢合功能；能就地操作和远方操作，就地操作和远方操作之间应装设联锁装置。

户外电动弹簧操动机构应设置防雨措施。

（十八）观察窗

观察窗（如果有）至少应达到对外壳规定的防护等级。

观察窗应具有完备的密封、防紫外线和运行老化等措施，并不得降低设备气密性、绝缘、防爆、燃弧和开合等关键性能指标。

观察窗应该使用机械强度与外壳接近的透明板遮盖（应保证气体不泄漏）。同时，应有足够的电气间隙或静电屏蔽等措施（例如在观察窗的内侧加一个适当的接地金属编织网），防止形成危险的静电电荷。

（十九）联锁

为了安全和防止误操作，GIS 不同元件之间必须配置联锁装置（见图 3-67），以防止带负荷拉、合隔离开关和带电误合接地开关。联锁装置应能保证规定的操作程序和操作人员的安全。

下列设备应有联锁，对于主回路必须满足以下要求：

（1）在维修时，用来保证隔离间隙的主回路上的高压断路器应确保不自合。

（2）接地开关合闸后应确保不自分。

（3）隔离开关要与相关的断路器实现电气联锁；隔

图 3-67　联锁装置

离开关与接地开关之间应有可靠的电气联锁。其联锁逻辑的设置应根据电气主接线进行设计，应用图表表示清楚，并取得招标方同意。

（4）电气联锁应单独设置电源回路，且与其他回路独立。

所有联锁的二次接线应在制造厂内完成并经过检验。

（二十）颜色标志

在电动机或其他设备的出线端，应为引入电缆配备压接型接线端子。3 相 AC 引出线电缆的颜色规定为：A、B、C 相分别对应黄、绿、红，中性线为淡蓝色，如图 3-68 所示。

DC 电源的颜色规定：正极是褐色，负极是蓝色。

在 DC/AC 控制回路中，控制柜的板后布线的绝缘线的颜色标志可按产品技术条件规定。

（二十一）汇控柜

汇控柜（见图 3-69）可以设在 GIS（H-GIS）底座上与 GIS（H-GIS）一起运输供货，也可以分开独立设置，当汇控柜安装在 GIS（H-GIS）底座架上，应考虑到 GIS（H-GIS）设备操作振动的影响。

图 3-68　颜色标志

图 3-69　汇控柜

汇控柜的外壳应采用防锈性能不低于优质 304 不锈钢（厚度不小于 2mm）或铸铝的材质，应采取有效的防腐、防锈措施，确保在使用寿命内不出现涂层剥落、表面锈蚀的现象，并提供外壳材质的盐雾试验报告。

汇控柜的外壳提供的防护等级应符合不低于 IP4X（户内）和 IP55W（户外）的要求。电缆入口处的门、盖板等应设计成在电缆正确安装后能达到低压辅助和控制回路外壳规定的防护等级。所有通风口的门应予以屏蔽，或者其布置应能确保达到为外壳规定的相同防护等级。

汇控柜的外壳应有足够的机械强度，抗机械撞击水平优选为 IK07（2J）。

汇控柜的柜体应能防寒、防热、防潮、防水、防尘，应通风良好，并有密网孔的过滤网防止昆虫进入。各面板采用整体冲压（剪）或铸造工艺制造。柜体正面装有铰接门，门具有橡皮密封垫及不锈钢门把手、碰锁和扣锁装置。可拆装的盖板开口装配在柜的底部，以便电缆管线和空气管道接入柜内。

外部接线用端子排与其他邻近端子排及柜底板之间应有不小于 150mm 的净距。

端子排间应有足够的绝缘，端子排应根据功能分段排列。交流回路端子及直流回路端子应设置在不同段。还应留有足够的空间，便于外部电缆的连接。

柜内应配有铝、钢或其他类似材料制作的导轨。为便于接地和安装接线端子，其长度应有 10% 的裕量，每条导轨应有两个接地端子。

交流回路端子及直流回路端子应设置在不同段。

汇控柜应装设有接触面积不小于 $360mm^2$、截面面积不小于 $100mm^2$ 的接地铜排作为二次回路的接地，并与汇控柜绝缘。

汇控柜应配有与接地线连接的接地螺栓，螺栓的直径不小于 12mm。汇控柜门应配不小于 $8mm^2$ 接地过门多股铜线。

加热器应置于不会引起二次接线和元件受热劣化的位置。

汇控柜内可装设抽湿机，具备抽湿和温湿度实时显示功能，保持柜内湿度不大于 70%，此时柜体应采用全密封结构。

针对户外汇控柜应配置三点锁定式门锁，扣入深度不小于 2cm。

（二十二）二次电缆配置

（1）由汇控柜至操动机构箱和电压互感器、电流互感器接线盒的辅助电缆均与 GIS 成套（见图 3-70），由制造厂负责安装和连接，其截面积应符合下列规定：

图 3-70　二次电缆配置

1）互感器回路：$\geq 4mm^2$。

2）控制信号回路：$\geq 1.5mm^2$。

（2）所有二次部分的控制、保护回路电缆必须采用电解铜导体、PVC 绝缘、阻燃（A 级阻燃）的屏蔽电缆，电缆中间不得有接头。电缆两端有标示牌，标明电缆编号及对端连接单元名称。

（3）辅助电缆与机构箱的连接应采用航空插座，辅助电缆与汇控柜或互感器二次接线盒的连接应采用格兰头或航空插座，其接头防护等级不应低于 IP65，投标方应提供防护等级报告。若户外采用航空插座，需设置防雨罩。

（4）汇控柜至操动机构箱的交、直流回路不能共用同一根电缆，两套分闸回路不能共用同一根电缆，控制和动力回路不能共用同一根电缆。强电和弱电回路不应合用同一根电缆。

端子及端子排均应有与制造厂提供的二次回路图上一致的标记号，一个端子只允许接入一根导线。

汇控柜中应有足够数量的端子（采用阻燃铜端子），除供控制、测量表计、信号、动力及照明等回路内部配线及端子外部电缆接线使用外，还应设置 15% 的备用端子。供外部接线用的端子及备用端子均应是夹紧型端子。为连接交流电源应设置 8 个大型的接线端子，端子排适用于接不小于 $6mm^2$ 电缆芯线。其余回路应能接不小于 $2.5mm^2$ 的电缆芯线。直流电源端子"+""−"端子间及经常带电的正电源与跳合闸回路之间适当隔开，至少间隔 1 个空端子。端子排应为阻燃、防潮型。

（二十三）就地 / 远方操作

GIS（H-GIS）的断路器、隔离开关、接地开关应适合用电信号进行远方操作，也可以在汇控柜进行就地电气操作，如图 3-71 所示。

图 3-71　就地 / 远方操作

汇控柜中应至少有一个远方 / 就地转换开关用于远方和就地控制之间相互切换，断路器应使用一个独立的远方 / 就地转换开关，不与隔离开关、接地开关共用，且能实现电气闭锁：当远方 / 就地转换开关处于就地位置时，远方（包括保护装置信息）应不能操作；当远方 / 就地转换开关处于远方位置时，就地应不能操作。远方 / 就地转换开关的每一个位置至少提供 2 对备用触点，并接至端子排。所有合、分闸回路均应经远方 / 就地转换开关切换。

（二十四）汇控柜面板开关位置指示

汇控柜面板上应有一次设备的模拟接线图及断路器、隔离开关和接地开关的位置指示灯（见图 3-72），该指示灯分别通过每相（台）断路器的常开和动断的辅助触点接到正、负控制极之间。位置指示灯采用红绿表示：红色表示闭合，绿色表示断开。

（二十五）汇控柜附件配置

主电控元件及端子排安装在一个独立的汇控柜内。外部电缆将集中接至汇控柜内，如图 3-73 所示。此外，尚需具备下述附件：

（1）内部照明和微动开关。

（2）汇控柜上须装有单相 10A 的 220V 交流插座。

图 3-72　汇控柜面板开关

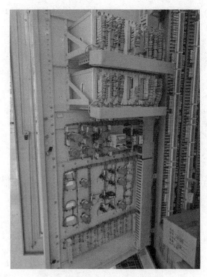

图 3-73　汇控柜附件

（3）机构箱与汇控柜内应设有一组交流 220V 的低功率，长期运行的加热器，单只加热器功率不超过 75W，加热器与二次线、二次元件距离不小于 5cm。如果柜体体积较大应考虑增加一组具备自动和手动投切功能的加热器，以防止产生有害的凝露，当加热器功率较大时，应分散布置、多点加热。加热器电源与操作电源应单独设置，以保证切断操作电源后加热器仍能正常工作。当汇控柜加热回路断线时，应有告警指示。

（4）断路器、隔离开关和接地开关的机构箱内均应装设不可复归型动作计数器，其位置在操作平台或地面上应便于读数。

（5）为防止误碰引起误动，应采用内凹式按钮（或行程）的继电器和操作按钮，继电器和操作按钮上必须有耐久性材料制作的中文标示的功能标识牌。如采用外凸式按钮（或行程）的继电器和操作按钮，则必须加装防止误碰的防护罩。

（6）对台风影响区域的户外汇控柜可采用顶部加装遮雨罩、底部加装升高座、加强端子箱电缆进线封堵等措施，防止雨水、潮气入侵。

（7）户外汇控柜还应有顶部隔热层，加热装置宜采用温湿度控制，避免采用长投方式，防止造成设备温度过高。包含合并单元、智能终端的断路器汇控柜内应装设空调或其他降温设备。

（8）GIS 的出线间隔和 TV 间隔的汇控柜内部电压二次回路中性点装配 800V 氧化锌避雷器。

（9）汇控箱内的隔离开关电机电源空气开关具备远方遥控功能。

（二十六）电源配置

同一 GIS 设备间隔汇控柜内隔离开关的电机电源空气开关应独立设置，且电机电源总空气开关要具备遥控并上送信号功能；同一 GIS 设备间隔汇控柜的"远方/就地"切换钥匙与"解锁/联锁"切换钥匙不应使用同一把，如图 3-74 所示。

（二十七）加热器

所有加热器应是非暴露型的，且应提供过电流保护，如图 3-75 所示。宜兼具过电流保护功能。

加热器在额定电压下的功率应在制造厂规定值的 ±10% 范围内。

图 3-74　电源配置

图 3-75　加热器

（二十八）支撑底架

GIS（H-GIS）的钢支架之间及钢支架与设备本体之间连接采用螺栓固定，如图 3-76 所示。

底座应为钢结构，GIS（H-GIS）的主要部件均承载在钢结构底座上。底座应采用焊接固定在水平预埋钢板的土建基础上，也可采用地脚螺栓或化学螺栓固定。

当 GIS（H-GIS）为全单相式结构（单相一壳）时，钢支架与固定金具不能形成闭合磁路。

电缆终端支撑底架应满足电缆现场施工的方便及电缆的固定。

GIS（H-GIS）的所有支撑不得妨碍正常维修巡视通道的畅通。

（二十九）行线槽

沿 GIS 本体敷设的辅助电缆应采用金属槽盒敷设，如图 3-77 所示。厂家明确 GIS 本体敷设的采用金属槽盒敷设的辅助电缆相对位置，以便与电缆沟接口。

图 3-76　支撑底架

图 3-77　行线槽

户外槽盒采用防锈性能不低于低碳 304 不锈钢的材料。垂直安装的二次电缆槽盒应从底部单独支撑固定，且通风良好，水平安装的二次电缆槽盒应有低位排水措施。

GIS、H-GIS 至各设备元件接线盒的电缆用非橡胶材质蛇形管加以过渡，蛇形管长度不宜超过 1m。电缆槽盒过渡接头应密封良好，避免进水受潮。

二次线管接入接线盒口的位置需向外侧向下倾斜，防止水分沿着二次线管流入接线盒内部。必要时加装防雨罩。

（三十）主回路接地

为保证维护工作的安全性，需要触及或可能触及的主回路的所有部件应能够接地，如图 3-78 所示。另外，在外壳打开以后的维修期间，应能将主回路连接到接地极。

接地可用以下方式实现：

图 3-78   主回路接地

（1）如果连接的回路有带电的可能性，应采用关合能力等于额定峰值耐受电流的接地开关。

（2）如能预先确定回路不带电，可采用不具有关合能力或关合能力低于相应的额定峰值耐受电流的接地开关。

（3）仅在制造厂和用户取得协议的情况下，才能采用可移动的接地装置。

（三十一）相别标志

相别标志应在 GIS 本体和操动机构箱的适当位置清楚标明。A 相黄色、B 相绿色、C 相红色，如图 3-79 所示。

图 3-79   相别标志

（三十二）易燃性

GIS 材料的选择和设计上应选择具有良好阻燃性能的材料，减少火灾发生的可能性。

（三十三）检修、试验及扩建便利性

为便于试验和检修，GIS 的母线避雷器和电压互感器、电缆进线间隔的避雷器和线路电压互感器应设置独立的隔离开关或隔离断口；架空进线的 GIS 线路间隔的避雷器和线路电压互感器应采用敞开式结构。

GIS 出线的连接包括架空线出线、变压器直接连接出线、电缆出线和 GIL 出线，为了方便 GIS 的试验，上述出线和 GIS 扩建接口在设计过程中可以包括隔离设施，这种隔离的方式优先于拆卸的方式，隔离设施应设计成能够耐受各种出线元件的试验电压。对于空气套管，优先解开空气侧的高压连接。

如计划扩建母线，宜在扩建接口处预装一个内有隔离开关（配置有就地工作电源）或可拆卸导体的独立隔室；如计划扩建出线间隔，宜将母线隔离开关、接地开关与就地工作电源一次上全。扩建接口部分的接头应设置临时屏蔽装置及封盖。

制造厂应以图样的型式提供足够的资料以便使得今后母线扩建能够进行界面设计，资料至少应包括母线法兰尺寸、导体布置及大小等，以便在扩建时能够使用另一种 GIS 产品。

制造厂应明确规定 GIS（H-GIS）中气体质量和密度，并为用户提供更新气体和保持要求密度和质量的必要的说明。

GIS 的平面布置图及剖视图应标明伸缩节的位置与数量。

应注明 GIS（H-GIS）外壳局部拆装的部位。

（三十四）螺栓强度及防锈

螺栓强度不应小于 8.8 级。

直径 8mm 及以下的螺栓、螺钉等应采用不锈钢（A2-70）制成，直径 10mm 及以上的暴露在大气中的螺栓应采用热镀锌材料，如图 3-80 所示。

图 3-80　螺栓

直径 10mm 及以上 GIS 内部用螺栓应优先选用磷化、发蓝（发黑）及不锈钢工艺，且尺寸工差、镀层厚度、化学成分、机械性能满足 GB/T 3098.6《紧固件机械性能　不锈钢螺栓、螺钉和螺柱》和厂家规定值要求；对采用环保型镀锌工艺的厂家还应提供详细的盐雾试验报告并满足 GB/T 10125《人造气氛腐蚀试验　盐雾试验》要求。

所有暴露在大气中的金属部件应有可靠的防锈层或采用不锈钢材料制成。外壳应采取有效的防腐、防锈措施，确保在使用寿命内不出现涂层剥落、表面锈蚀的现象，并提供盐雾试验报告。

（三十五）检修平台

应根据操动机构箱、密度继电器和观察孔的高度及位置设置必要的永久性操作平台及扶梯，以便于操作、巡视及检修。

对于母线为落地式结构的 GIS，沿母线方向每隔约 20m 应设置永久性的母线跨越平台及配套扶梯，便于操作、巡视及维修。

（三十六）气体压力

制造厂商应提供 GIS 绝缘裕度报告，校核的对象包括 GIS 主要的标准元件，包括断路器、母线侧隔离开关、线路侧隔离开关、快速接地开关、检修接地开关、电流互感器、主母线和分支母线、电压互感器、避雷器、电缆终端、变压器直连、套管。

制造厂商应提供零表压（见图 3-81）下耐受额定电压试验报告，试验方法为在零表压和 1.1 倍相电压下耐受电压 5min，然后逐步升高至击穿电压并记录击穿电压。

（三十七）隔室划分

GIS 在设计过程中应特别注意隔室的划分（见图 3-82），避免某处故障后劣化的 SF_6 气体造成 GIS 的其他带电部位闪络，同时也应考虑检修维护的便捷性，保证最大隔室气体量不超过 300kg。

图 3-81　零压表

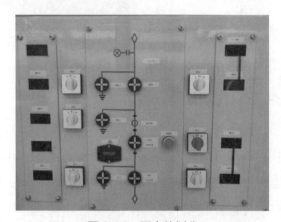

图 3-82　隔室的划分

对双母线结构的 GIS，同一出线间隔的不同母线隔离开关应各自设置独立隔室。

GIS 母线隔离开关不宜采用与母线共隔室的设计结构。

GIS 主母线应用气隔盆式绝缘子分隔成一些隔室，建议长度 500kV 不超过 15m；220kV 不超过 12m；110kV 不超过 8m。

母线隔室应按间隔划分，不同间隔内母线不能共隔室。

避雷器、电压互感器、电缆终端和 220kV 及以上断路器等元件所在气隔应为独立隔室。

（三十八）外壳接地

GIS（H-GIS）外壳应可靠接地（见图 3-83），满足正常运行时不大于 24V，短路故障时不大于 100V。

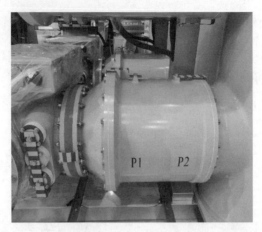

图 3-83　外壳接地

GIS（H-GIS）设备应设置接地引出点，并将接地引出点向下导引至合理位置，使 H-GIS 设备停电时可安全地进行试验。

每台 GIS 的底架上均应设置可靠的适合于规定故障条件的接地端子，该端子应有一紧固螺钉或螺栓用来连接接地导体。GIS 的接地连线材质应为电解铜，并标明与地网连接处接地线的截面积要求。紧固螺钉或螺栓的直径不应小于 12mm。接地连接点应标以规定的保护接地符号。和接地系统连接的 GIS 金属外壳部分可以看作是接地导体。螺栓与壳体接触的位置应接触可靠，确保良好的金属连接，要求接触面无刷漆。

凡不属于主回路或辅助回路的且需要接地的所有金属部分都应接地。对于外壳、构架等的相互连接，允许采用螺栓紧固的方式保证电气连续性，应设计成其连接到接地端子处的导体通过 30A 直流电流时压降不大于 3V。

分相式的 GIS（H-GIS）外壳［特别是额定电流较大的 GIS（H-GIS）的套管处］应设三相短接线，其截面应能承受长期通过的最大感应电流和短时耐受电流。外壳接地应从短接线上引出与接地母线连接，其截面应满足短时耐受电流的要求。

所有连接法兰和绝缘盆子两侧外壳法兰应用导流铜排进行连接，应有专用连接端子，不应使用法兰气密螺栓做连接，其截面积应能承受长期的感应电流和温升要求，并涂黄绿相间涂料。

连接端子尺寸宜采用 100mm × 80mm，孔距 80mm × 40mm，铜排 60mm × 6mm。

（三十九）盆式绝缘子

气隔盆式绝缘子应能承受一侧真空而另一侧处于额定压力下的作用力，气隔盆式绝缘子安装处的外面应有明显的红色标识，通气的盆式绝缘子则为绿色标识，以便区分。盆式绝缘子红色标识如图 3-84 所示。

每个绝缘子（包括现场安装过程中更换的新绝缘件）应进行 X 射线探伤检查，并提供详细的探伤检查报告。

宜采用无金属法兰的盆式绝缘子，以便利用外置式的特高频传感器进行局部放电带电检测。对采用金属法兰的盆式绝缘子，其金属法兰应预留局部放电测试窗口，测试窗口的面积不应小于 825mm²，大小宜为 15mm × 55mm（高×宽），运行时可在此处耦合内部出现的放电信号。

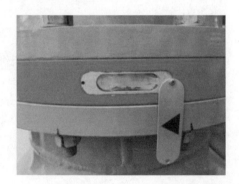

图 3-84　盆式绝缘子红色标识

（四十）电连接

导电回路相互连接的结构设计上应做到：

（1）固定连接应有可靠的紧力补偿结构，不允许采用螺纹部位导电的结构方式。

（2）触指插入式连接结构应保证触指接触压力均匀。

（四十一）管道

管道（如液压机构必需的少量管道）应为无缝钢管或无缝铜管，所有管道应在制造厂内精确加工并完全成形，如图 3-85 所示。对那些需要在现场调整形状和长度的管道应交付必要的连接件，而每根管道都应精确加工，长度准确，到现场即能安装，以减少现场工作量。

在现场，管道的连接方法可用法兰连接，在有困难的部位，如弯头部分可采用套管连接的型式。

安装在设备上的管子连接件应得到支撑，而使管道的重量不作用于设备上。全部管道位置应设计得便于维修。

（四十二）套管

出线套管的接线端子应符合 GB/T 5273《高压电器端子尺寸标准化》的规定。如用户要求，也可采用其他的型式和尺寸，如图 3-86 所示。

图 3-85　管道 　　　　　　　　　　　　　　　图 3-86　套管

（四十三）变压器（或电抗器）直连终端

应符合 GB/T 22381—2008《额定电压 72.5kV 及以上气体绝缘金属封闭开关设备与充流体及挤包绝缘电力电缆的连接　充流体及干式电缆终端》的有关规定。

（四十四）电缆终端

应符合 GB/T 22381—2008《额定电压 72.5kV 及以上气体绝缘金属封闭开关设备与充流体及挤包绝缘电力电缆的连接　充流体及干式电缆终端》的有关规定，其中电缆终端的供应方的界限应符合附录 A 的规定。

GIS（H-GIS）中和电缆保持连接的部分应能耐受电缆技术规范书对同一额定电压的电缆规定的试验电压。

如果不允许对 GIS 的其余部分施加电缆的直流试验电压，则对电缆试验采取特殊的措施（例如，可动或可拆卸的连接和 / 或增加电缆连接外壳中绝缘气体的密度）。

在电缆进行绝缘试验时，GIS（H-GIS）的其余部分一般不应带电并应可靠接地，除非采用专门的措施来防止电缆击穿放电时对 GIS 带电部分的影响。

应在电缆终端室的外壳上提供试验套管安装位置。应用户要求，制造厂可提供试验用套管或给出安装套管的有关资料。

进线电缆侧如装有带电显示装置，应在 A、B、C 三相分别装设。

（四十五）与 GIL 气体绝缘输电线路连接

与 GIL 连接参考 DL/T 978《气体绝缘金属封闭输电线路技术条件》的有关规定。

与 GIL 连接时，须用气隔盆式绝缘子将 GIL 和 GIS 的不同气室分隔开来。

由于直埋 GIL 的外壳采用了防腐蚀措施，因此与 GIS 连接时需要绝缘措施和其外壳隔离。

（四十六）电压互感器

电压互感器（见图 3-87）的二次绕组二次电压回路采用分相总空气开关，并实现有效监视。

图 3-87　电压互感器

电压互感器二次回路的引入线和互感器开口三角绕组的引入线均应使用各自独立的电缆，不得共用。电压互感器应独立设置引线接地。

第三节　装配测试

一、断路器组装测试

断路器组装测试的目的是全面验证 GIS 中断路器的性能、安全性和可靠性。通过测试，可以确保断路器的电气性能、机械性能及分、合闸时间等关键参数符合设计要求和技术标准，预防潜在故障的发生，从而提高电力系统的稳定性和可靠性。同时，测试还有助于及时发现断路器在组装过程中可能存在的问题，进行预防性维护，预测其剩余寿命，为电力系统的安全运行提供有力保障。断路器组装测试见证要点见表 3-21。

表 3-21　　　　　　　　　　　断路器组装测试见证要点

步骤	要求	图示
测量主触头行程（mm）	结果应记录在跟踪记录卡上。跟踪记录卡如图 3-88 所示。 设计要求： 行程： A 相：_____ B 相：_____ C 相：_____ 超程： A 相：_____ B 相：_____ C 相：_____	 图 3-88　主触头行程测量跟踪记录
测量电弧触头行程（mm）	结果应记录在跟踪记录卡上。 设计要求： 行程： A 相：_____ B 相：_____ C 相：_____ 超程： A 相：_____ B 相：_____ C 相：_____	

步骤	要求	图示
测量回路电阻（μΩ）	回路电阻测量方式如图3-89和图3-90所示。 结果应记录在跟踪记录卡上。跟踪记录卡如图3-91所示。 测量电流需不小于100A。 设计要求值：≤____μΩ	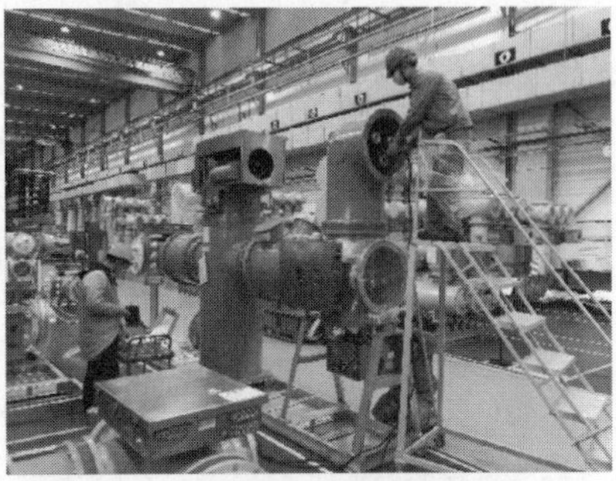 图3-89　回路电阻测量（1） 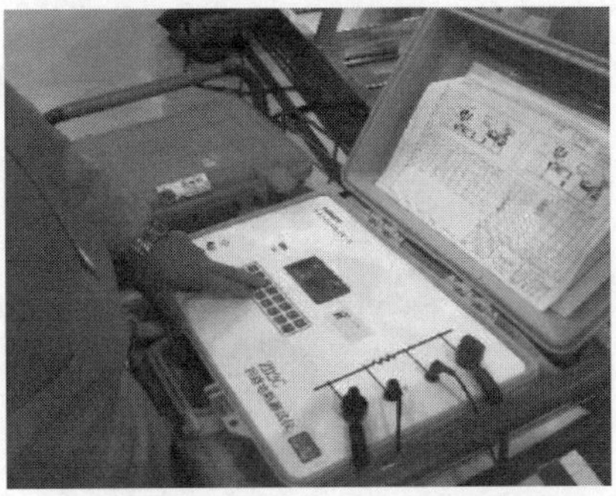 图3-90　回路电阻测量（2） 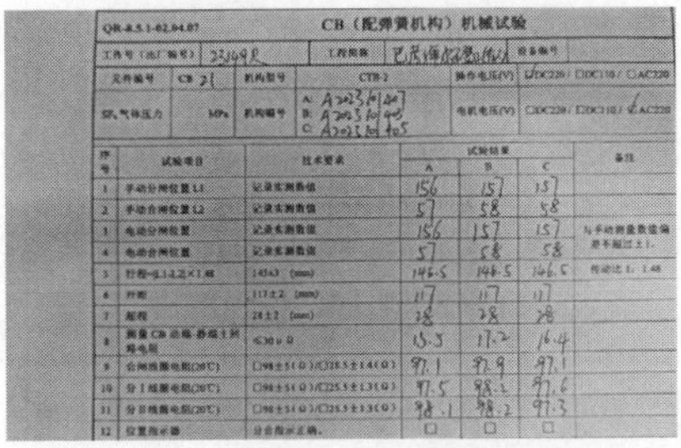 图3-91　回路电阻测量跟踪记录
预机械操作试验（机械磨合试验）	预机械操作试验如图3-92～图3-95所示。 （1）至少200次开合操作。 （2）断路器应首先将分合闸速度调整到合格范围内后再进行不少于200次的机械操作试验，操作前后应分别测量回路电阻且无明显偏差，若200次操作由机械操作试验设备自动控制完成，且试验过程中无人全程看守，应检查验证机械操作试验设备功能设置，须具备断路器分合闸异常动作时自动停止操作功能。	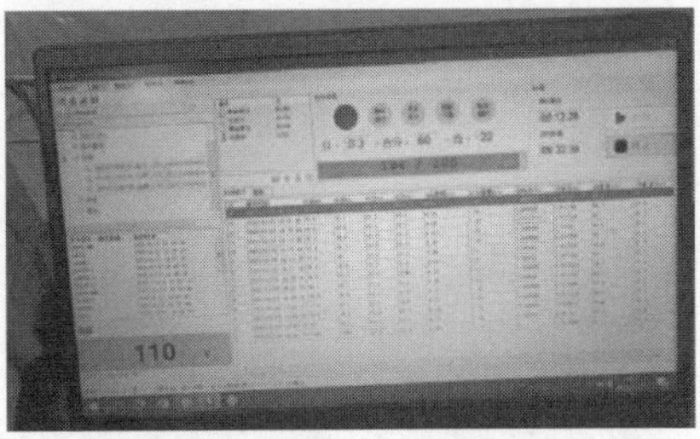 图3-92　预机械操作试验（1）

步骤	要求	图示
	（3）记录200次的机械操作试验分、合闸时间的分散性、分合闸速度的分散性，分合闸电流波形、行程曲线包络线的分散性。 1）分合闸速度和时间厂家提供标准值和允许偏差，200次操作的每次分合闸时间和速度均不应超过厂家的规定值。 2）厂家须提供标准曲线，200次操作的行程曲线与标准曲线进行对比，记录包络线的百分比，包络线不应超过±5%。 3）分合闸电流波形以200次操作的平均值为标准值，记录包络线的百分比，包络线不超过5%。 （4）操作后打开断路器气室检查金属颗粒和触头磨损情况，彻底检查动静触头、导电杆及内部紧固连接及对中，机构松动等异常情况。 （5）通过内窥镜检查气室内部。 （6）气室封闭前应对断路器进行清洁（例如使用吸尘器）	 图 3-93　预机械操作试验（2） 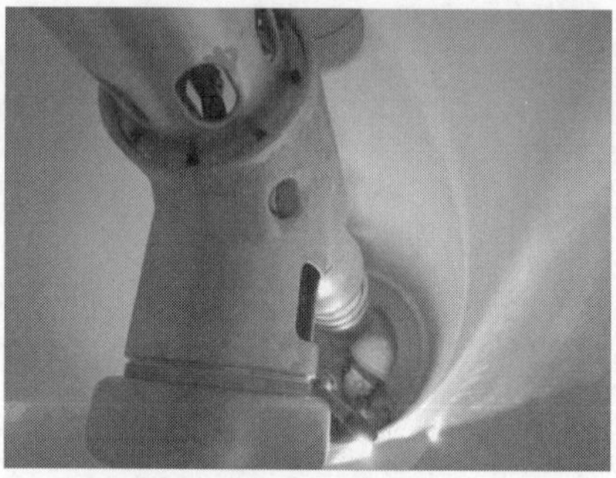 图 3-94　预机械操作试验（3） 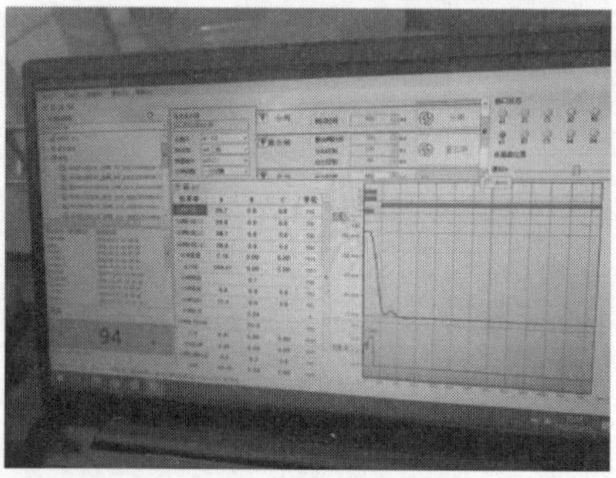 图 3-95　预机械操作试验（4）

（一）直流电阻测试

使用单臂电桥或其他电阻测试设备，分别测量断路器的分、合闸线圈的直流电阻值。

将实测值与出厂试验值或产品技术条件中的规定值进行比较，确保无明显差别。

（二）绝缘电阻测试

使用绝缘电阻表或其他绝缘电阻测试设备，测量断路器的分、合闸线圈与地之间的绝缘电阻。

确保绝缘电阻值符合产品技术条件的规定，一般要求不低于一定的标准值（如 $10M\Omega$）。

（三）分、合闸时间及同期性测试

使用断路器测试仪进行断路器的分、合闸时间及同期性的测试。

在断路器的额定操作电压、液压下进行测量。将测试仪的合、分闸控制导线分别接入断路器二次控制回路，用试验接线将断路器一次各断口的引线接入测试仪的时间通道。

实测数据应符合产品技术条件的规定，包括分、合闸时间的最大值、最小值及同期性等指标。

（四）分、合闸速度测试

使用断路器测试仪进行断路器的分、合闸速度的测量。

将测速传感器可靠接入断路器机构的速度测量运动部件上进行测量。在断路器的额定操作电压、液压下进行断路器的分、合闸速度测试。

断路器的分、合闸速度实测数据应符合产品技术条件的规定，包括最大速度、平均速度等指标。

（五）其他测试

根据需要，还可以进行断路器的动电压稳定性试验、静电压稳定性试验、冲击电流试验、短路试验、耐久性试验等。这些测试可以进一步验证断路器的性能和可靠性。

二、隔离开关安装测试

通过安装测试，验证隔离开关的开合能力、操作灵活性、接触电阻等性能指标是否满足设计要求和技术标准。这是确保隔离开关在电力系统中能够正常、高效工作的基础。隔离开关安装测试见证要点见表 3-22。

表 3-22 隔离开关安装测试见证要点

<table>
<tr><th>步骤</th><th>要求</th><th>图示</th></tr>
<tr><td>分合闸到位指示检查</td><td>分合闸到位指示检查如图 3-96 所示。
隔离开关分、合闸到位标识清晰、指示正确</td><td>
图 3-96 分合闸到位指示检查</td></tr>
<tr><td>测量触头行程（mm）</td><td>结果应记录在跟踪记录卡上。跟踪记录卡如图 3-97 所示。
设计要求：
行程：
A 相：______ B 相：______ C 相：____
超程：
A 相：______ B 相：______ C 相：____</td><td>
装 配 检 查 卡 片
图 3-97 触头行程测量跟踪记录</td></tr>
<tr><td>测量断口距离（mm）</td><td>结果应记录在跟踪记录卡上。跟踪记录卡如图 3-98 所示。
设计要求：____mm</td><td>
试验时间 2023/11/8
<table>
<tr><th>序号</th><th>检验项目</th><th>检查方法</th><th>实测值A</th><th>实测值B</th><th>实测值C</th></tr>
<tr><td>1</td><td>隔离侧行程</td><td>95±2</td><td>94.5</td><td>95.5</td><td>95</td></tr>
<tr><td>2</td><td>隔离侧开距</td><td>65±2</td><td>65</td><td>65.5</td><td>64.5</td></tr>
<tr><td>3</td><td>隔离侧超程</td><td>25±1</td><td>24.5</td><td>25</td><td>25.5</td></tr>
<tr><td>4</td><td>[illegible]</td><td>各操作5次，灵活无卡滞</td><td>合格</td><td>合格</td><td>合格</td></tr>
<tr><td>5</td><td>额定操作电压 合、分</td><td>各操作200次，灵活无卡滞</td><td>合格</td><td>合格</td><td>合格</td></tr>
<tr><td>6</td><td>110%额定操作电压 合、分</td><td>各操作25次，动作可靠</td><td>合格</td><td>合格</td><td>合格</td></tr>
<tr><td>7</td><td>85%额定操作电压 合、分</td><td>各操作25次，动作可靠</td><td>合格</td><td>合格</td><td>合格</td></tr>
<tr><td>8</td><td>手动操作力矩</td><td>≤15N.m</td><td>合格</td><td>合格</td><td>合格</td></tr>
<tr><td>9</td><td>手动-电动操作联锁试验</td><td>操作3次，手动操作时不能电动操作，电动操作时不能手动操作</td><td>合格</td><td>合格</td><td>合格</td></tr>
<tr><td>10</td><td>隔离侧合闸时间</td><td>≤4s</td><td>1.82</td><td>1.83</td><td>1.804</td></tr>
<tr><td>11</td><td>110%额定操作电压，隔离侧合</td><td>≤4s</td><td>1.634</td><td>1.645</td><td>1.62</td></tr>
<tr><td>12</td><td>85%额定操作电压，隔离侧合闸</td><td>≤4s</td><td>2.17</td><td>2.184</td><td>2.152</td></tr>
<tr><td>13</td><td>隔离侧分闸时间</td><td>≤4s</td><td>0.668</td><td>0.671</td><td>0.692</td></tr>
<tr><td>14</td><td>110%额定操作电压，隔离侧分</td><td>≤4s</td><td>0.621</td><td>0.627</td><td>0.651</td></tr>
<tr><td>15</td><td>85%额定操作电压，隔离侧分闸</td><td>≤4s</td><td>0.751</td><td>0.754</td><td>0.788</td></tr>
<tr><td>16</td><td>隔离侧合闸同期性</td><td>≤100ms</td><td>28</td><td>/</td><td>/</td></tr>
<tr><td>17</td><td>隔离侧分闸同期性</td><td>≤100ms</td><td>24</td><td>/</td><td>/</td></tr>
</table>
图 3-98 断口距离测量跟踪记录</td></tr>
</table>

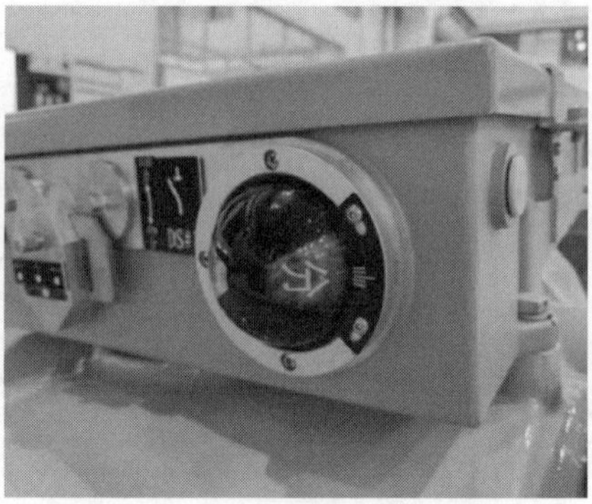

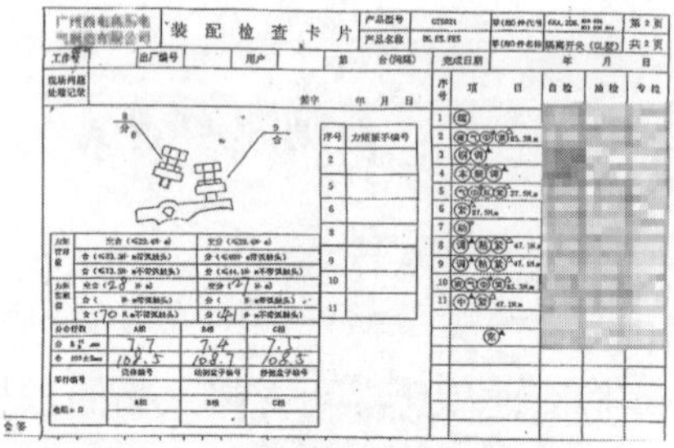

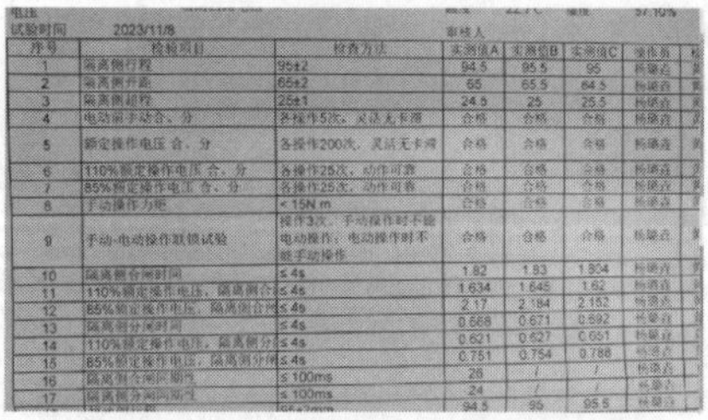

步骤	要求	图示
测量回路电阻（μΩ）	结果应记录在跟踪记录卡上。回路电阻测量如图 3-99 所示。 测量电流需不小于 100A。 设计要求值：____μΩ	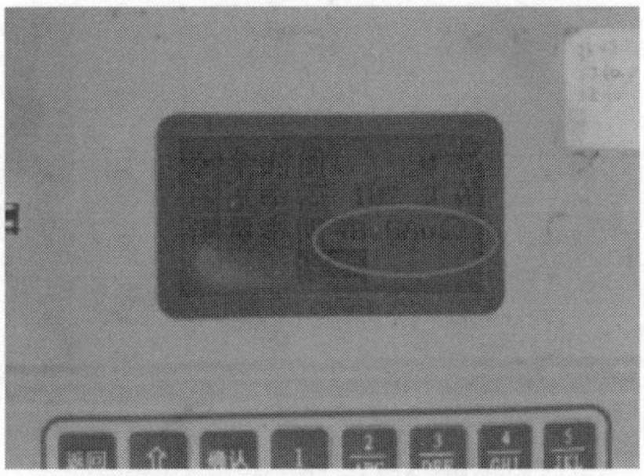 图 3-99　回路电阻测量
手动操作	（1）手动开合 5 次。 （2）动作应正常且平顺。 （3）辅助开关应与隔离开关同步。 （4）检查开关位置指示器是否准确。 手动操作如图 3-100 所示	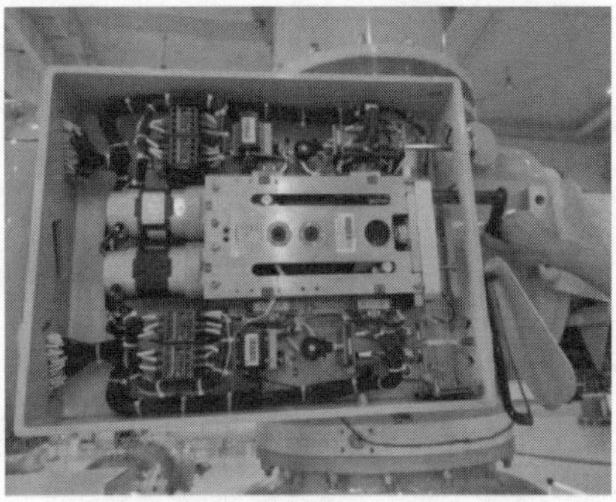 图 3-100　手动操作
预机械操作试验（机械磨合试验）	（1）至少 200 次开合操作。 （2）打开气室检查金属颗粒和动/静触头磨损情况，彻底检查动静触头、导电杆及内部紧固连接及对中等异常情况。 （3）检查高压部件和活动部件的紧固情况。 （4）目检后气室封闭前应进行清洁。 预机械操作试验如图 3-101 所示	 图 3-101　预机械操作试验

（一）机械性能测试

开合测试：通过操作隔离开关进行开合动作，观察其动作是否灵活、顺畅，确保无卡滞现象。在测试过程中，需要注意操作力的大小和行程是否符合要求，并检查隔离开关的接触部分是否有磨损或损坏。

锁定机构测试：测试隔离开关的锁定机构是否可靠。在测试时，需要反复操作锁定机构，确保在需要时能够牢固锁定，并且在不需要时能够顺利解锁。

（二）电气性能测试

绝缘电阻测试：使用绝缘电阻测试仪测量隔离开关的绝缘电阻值。在测试时，需要将隔离开关与电源断开，并将测试仪器的测试端分别连接到隔离开关的两个绝缘端子上。通过测量绝缘电阻值，可以判断隔离开关的绝缘性能是否良好，是否存在漏电或短路等安全隐患。

接触电阻测试：使用万用表测量隔离开关的接触电阻值。在测试时，需要将隔离开关处于闭合状态，并将测试仪器的测试端分别连接到隔离开关的接触端子上。通过测量接触电阻值，可以判断隔离开关的接触性能是否良好，是否存在接触不良或接触电阻过大等问题。

操作电压和电流测试：在额定操作电压和电流下，测试隔离开关的操作性能。在测试时，需要将隔离开关连接到电源上，并操作其进行开合动作。通过测量操作过程中的电压和电流值，可以判断隔离开关的操作性能是否满足要求，是否存在操作力过大或过小、行程不足或过长等问题。

（三）功能性测试

信号测试：测试隔离开关的信号输出是否准确、可靠。在测试时，需要模拟隔离开关的实际工作情况，并观察其信号输出是否正常。通过测试信号输出，可以判断隔离开关的控制电路和信号传输电路是否正常工作。

联锁测试：检查隔离开关与其他设备的联锁关系是否正确。在测试时，需要模拟其他设备的工作状态，并观察隔离开关是否能够正确实现联锁功能。通过测试联锁功能，可以确保在需要时能够实现互锁或联锁，避免误操作或设备损坏等问题。

（四）装配测试出现的质量问题

（1）缺陷概况：220kV GIS 完成 200 次磨合后，在分闸操作时发现，中间导体最终停留位置突出中间导体上屏蔽罩（见图 3-102），经测量约 3mm。

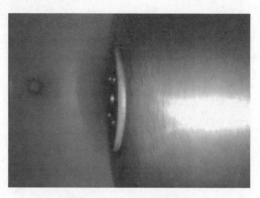

图 3-102　异常突出照片

（2）缺陷隐患或影响：零部件异常可能会带来影响或经过一段时间后才会显示出影响，尤其是后者可能造成运行隐患或事故。

（3）判定依据：招投标文件、厂家工艺文件。

（4）技术要求：机械试验装配符合厂家文件要求。

（5）缺陷原因：零部件之间的传动间隙及尺寸控制要求不符导致配合出现问题。

（6）处理过程：更换合格的绝缘拉杆和轴，重新装配，动触头不再突出屏蔽罩。

（7）整改建议：供应商应加强对原材料零部件的检验力度，尤其是关键原材料质量必须合格，严控设备质量。

三、接地开关安装测试

测试旨在验证接地开关的机械性能和电气性能是否符合预期标准，确保其在长期运行中能够保持稳定性和可靠性。这包括对接地开关的开合能力、接触电阻、绝缘电阻等关键参数进行测试，以评估其整体性能。接地开关安装测试见证要点见表 3-23。

表 3-23　　　　　　　　　　　　接地开关安装测试见证要点

步骤	要求	图示
分、合闸到位指示检查	分、合闸到位指示如图 3-103 所示。 隔离开关分、合闸到位标识清晰、指示正确	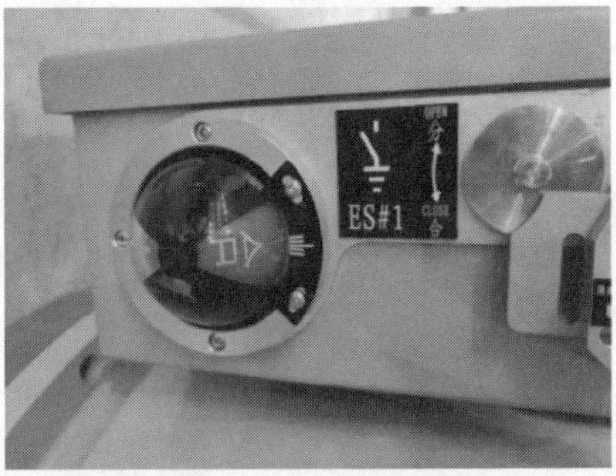 图 3-103　分、合闸到位指示
测量触头行程（mm）	结果应记录在跟踪记录卡上。跟踪记录卡如图 3-104 所示。 设计要求： 行程： A 相：＿＿＿ B 相：＿＿＿ C 相：＿＿＿ 超程： A 相：＿＿＿ B 相：＿＿＿ C 相：＿＿＿	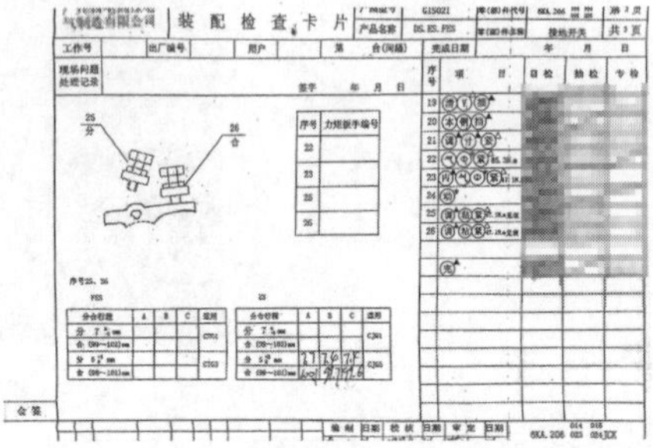 图 3-104　触头行程测量跟踪记录
测量断口距离（mm）	结果应记录在跟踪记录卡上。跟踪记录卡如图 3-105 所示。 设计要求：＿＿＿mm	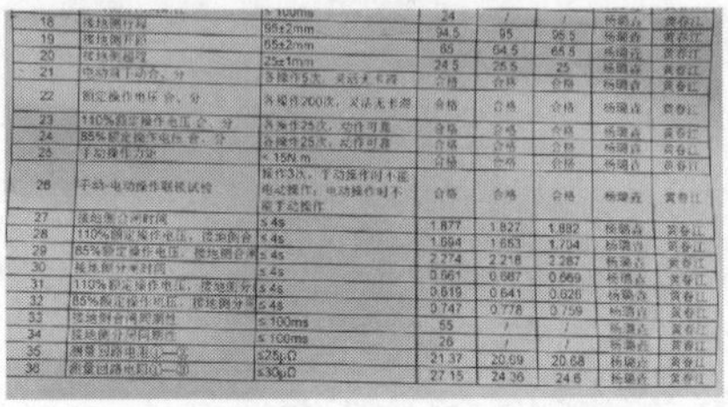 图 3-105　断口距离测量跟踪记录
测量回路电阻（μΩ）	回路电阻测量如图 3-106 所示。 结果应记录在跟踪记录卡上。 测量电流需不小于 100A。 设计要求值：≤＿＿＿μΩ	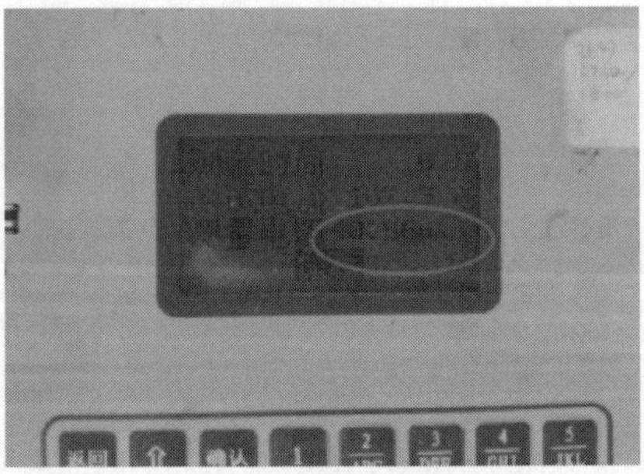 图 3-106　回路电阻测量

续表

步骤	要求	图示
手动操作	（1）手动开合 5 次。 （2）动作应正常且平顺。 （3）辅助开关应与隔离开关同步。 （4）检查开关位置指示器是否准确。 手动操作如图 3-107 所示	 图 3-107　手动操作
预机械操作试验（机械磨合试验）	（1）至少 200 次开合操作。 （2）对于快速接地开关应同时记录操作时刻，分合闸电流波形、行程曲线、断口信号，并进行统计分析评估机构是否存在异常。 （3）打开气室检查金属颗粒和动 / 静触头磨损情况，彻底检查动静触头、导电杆及内部紧固连接及对中等异常情况。 （4）检查高压部件和活动部件的紧固情况。 （5）目检后气室封闭前应进行清洁。 预机械操作试验如图 3-108 所示	 图 3-108　预机械操作试验

（一）机械性能测试

机械性能测试是评估接地开关机械操作性能的关键环节。首先，需要确保接地开关能够正常开合，且操作灵活，无卡滞现象。这通常通过反复操作接地开关的开关机构来实现，以检查其运动是否顺畅，以及是否存在任何阻碍其正常运动的障碍物。其次，还应检查接地开关的锁定机构，确保其在不需要接地时能够牢固锁定，防止误操作，同时在需要接地时能够顺利解锁。

（二）电气性能测试

电气性能测试是验证接地开关电气性能是否符合要求的重要步骤。这主要包括对接地开关的接触电阻和绝缘电阻进行测量。接触电阻测试是为了评估接地开关在闭合状态下的电气连接性能，确保电流能够顺畅地通过，避免因接触不良而导致的电气故障。绝缘电阻测试则是为了检查接地开关的绝缘性能，防止因绝缘不良而引发的电气事故。这两项测试需要使用专业的测试仪器和设备，按照规定的测试方法和步骤进行，以确保测试结果的准确性和可靠性。

（三）联动测试

联动测试是检查接地开关与系统其他设备联动情况的关键步骤。在 GIS 中，接地开关通常与其他设备（如断路器、隔离开关等）存在联动关系，以确保在特定情况下能够正确实现接地操作。因此，在测试过程中，需要模拟实际运行情况，检查接地开关与其他设备的配合是否顺畅，是否能够正确实现联动功能。这包括检查联动信号的传输是否准确可靠，以及接地开关在接收到联动信号后是否能够迅速、准确地执行相应的动作。通过联动测试，可以确保接地开关在系统中能够与其他设备协同工作，共同保障电力系统的稳定运行。

四、电流互感器装配测试

电流互感器是电力系统中重要的测量设备，其准确性直接影响到电力系统的运行质量。装配测试的主要目的之一就是验证电流互感器的测量精度，确保其能够满足电力系统的要求。装配测试还可以对电流互感器的各项性能进行评估，包括其线性度、动态范围、响应时间等。这些性能参数对于电流互感器在实际运行中的稳定性和可靠性至关重要。电流互感器装配测试见证要点见表 3-24。

表 3-24 电流互感器装配测试见证要点

步骤	要求	图示
极性测试	（1）对一次端施加直流脉冲（加在 P1 一次绕组首端上）。 （2）二次回路（加在 S1 二次绕组首端上）安装测量仪表（零位在中间）。 1）当施加直流电时仪表指向正向。 2）当直流电断开时仪表指向反向。 电流互感器装配测试如图 3-109 所示	 图 3-109　电流互感器装配测试

（一）电气性能测试

（1）变比测试：使用变比测试仪对电流互感器进行变比测试。首先，根据测试要求设置测试仪的参数，然后将测试仪的输出端连接到电流互感器的一次侧，将测试仪的测量端连接到电流互感器的二次侧。通过输入不同的电流值，观察并记录测试仪显示的二次侧电流值，从而计算出电流互感器的变比。变比测试的目的是确保电流互感器的变比与设计要求一致，以满足电力系统的测量需求。

（2）绝缘电阻测试：使用绝缘电阻测试仪测试电流互感器二次绕组间及绕组对外壳的绝缘电阻。在测试前，应确保电流互感器已经断电并处于安全状态。将测试仪的一个电极连接到电流互感器二次绕组的一个端点，将另一个电极连接到绕组或外壳的另一个端点。随后，按照测试仪的操作规程进行测试，并记录测试结果。绝缘电阻测试的目的是检查电流互感器的绝缘性能是否良好，以防止因绝缘不良而导致的电气故障。

（3）绕组工频耐受电压试验：使用耐受电压测试仪对电流互感器进行绕组工频耐受电压试验。在测试前，应将电流互感器的一次侧和二次侧分别接地，以确保测试过程中的安全。然后，按照测试仪的操作规程设置测试参数（如电压值、持续时间等），并将测试仪的输出端连接到电流互感器的一次侧。在测试过程中，应密切观察电流互感器的状态，如是否有异常声响、火花等现象。绕组工频耐受电压试验的目的是检查电流互感器绕组在额定电压下的绝缘性能是否良好，以防止因绕组绝缘击穿而导致的电气故障。

（二）极性检查

极性检查是确保电流互感器正确安装和连接的重要步骤。在测试前，应查阅相关的技术文档和图纸，了解电流互感器的极性标记和连接方式。然后，使用专用的极性检查设备或仪器（如极性指示灯、万用表等）对电流互感器的极性进行检查。在检查过程中，应将设备的测试端分别连接到电流互感器的一次侧和二次侧，并观察设备的指示或读数。极性检查的目的是确保电流互感器的极性正确连接，以避免因极性错误而导致的测量误差或故障。

（三）二次绕组直流电阻测试

二次绕组直流电阻测试是检查电流互感器二次绕组质量的重要手段。在测试前，应确保电流互感器已经断电并处于安全状态。使用直流电阻测试仪对电流互感器二次绕组的直流电阻进行测试。将测试仪的两个电极分别连接到二次绕组的两个端点，然后按照测试仪的操作规程进行测试，并记录测试结果。二次绕组直流电阻测试的目的是检查绕组的质量是否良好，如是否存在断路、短路等缺陷。同时，通过测试还可以计算出绕组的电阻值，为后续的误差特性测试提供参考依据。

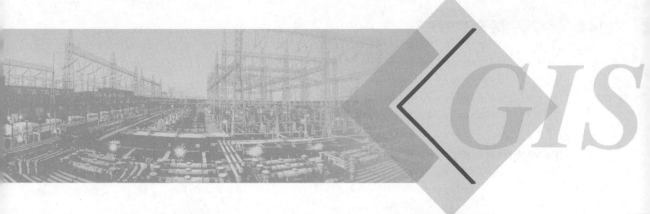

第四章 出厂试验见证要点

第一节 外观检查

（1）检查产品的外形尺寸、安装尺寸、接线端子尺寸等，应符合产品设计图纸和供货技术协议要求。

（2）检查 GIS 整体外观，包括油漆是否完好、外壳内外壁是否光洁、有无锈蚀损伤、高压套管是否损伤等。

（3）户外 GIS 的辅助设备（包括密度继电器等）应有防雨、防潮的措施。

（4）油漆的颜色和质量应符合订货技术协议要求，外露金属件的表面防锈、防腐蚀措施应符合产品技术条件和供货技术协议要求。

（5）检查各种充气、充油管路，阀门及各连接部件的密封是否良好；阀门的开闭位置是否正确；管道的绝缘法兰与绝缘支架是否良好。

（6）检查断路器、隔离开关及接地开关分合闸指示器的指示是否正确。

（7）检查各种压力表、油位计的指示值是否正确。

（8）检查汇控柜上各种信号指示、控制开关的位置是否正确。

（9）检查各类机构箱、汇控柜的箱门关闭情况是否良好。

（10）应有 GIS 整体铭牌，铭牌应使用耐腐蚀的材料制成，字样、符号清晰，技术数据与供货技术协议要求相符。

第二节　TA 试验

TA 安装后的复检试验主要包括极性检查（见图 4-1）、变比测量、伏安特性等。

一、极性检查

目的：检查互感器一次绕组所标的 P1 与二次绕组所标的 S1 出线端子，在同一瞬间是否具有同一极性。

试验方法：用干电池的正极接在一次绕组的 P1 端，负极接在一次绕组的 P2 端；直流电流表的正极接在二次绕组的 S1 端，负极接在 S2 端。接通电源的瞬间，电流表向顺时针方向摆动，则互感器为减极性。

判定标准：一次 P1 流向 P2 的方向与二次 S1 流向 S2 的方向极性一致。

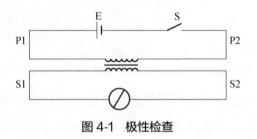

图 4-1　极性检查

二、变比测量

目的：检查已装好的电流互感器变比是否符合设计要求。

试验方法：用交流大电压发生器，给一次绕组通额定电流，测量二次绕组的感应电流。

判定标准：符合设计要求。

三、伏安特性测量

目的：检查已装好的保护用电流互感器伏安特性是否符合设计要求。

试验方法：用电流互感器伏安特性测试仪给二次绕组加规定电流，同时在二次测量它的电压。

判定标准：给线圈加上规定的电流值时，其对应的电压值大于该线圈设计电压值为合格。

第三节　主回路电阻测量

目的：主回路电阻测量的目的主要是为了检查整个设备本体在一次导电回路中电接触、导电材料、设计结构、制造质量及装配质量是否符合技术要求。

试验方法：根据 IEC 60694：2002《高压开关设备和控制设备标准的共用技术要求》（High-Voltage Switchgear and Controlgear Standards-Common Specifications）要求，试验时主回路每极电压降或电阻的测量，应该尽可能在与相应的型式试验相似的条件（周围空气温度和测量部位）下进行，试验电流取 100A 到额定电流之间任意值。在试验过程中，应采用直流压降法（见图 4-2），使用回路电阻测试仪（见图 4-3），测量回路两端之间的直流电阻。

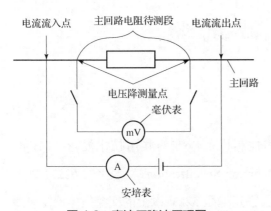

图 4-2　直流压降法原理图

图 4-3　回路电阻测试仪

判定标准：设备处于合闸位置时测得的电阻不应超过 $1.2R_u$（R_u 为型式试验时测得的相应的电阻）。

注意事项：

（1）试验可以在 SF_6 气体中或空气中进行，不允许在真空状态下进行。

（2）电流注入点一般在接地开关端子处，应避免与电压测量点重合，电压测量线应在电流输出线内侧。

（3）对于双母线设备，在测量时要注意开关状态，避免出现分流现象，影响测量结果的准确性。

主回路电阻测量见证要点见表 4-1。

表 4-1　　　　　　　　　　　　主回路电阻测量见证要点

步骤	项目	检查要点
试验准备	注入电流和测试条件	注入电流最低 100A，GIS 充入 SF_6 气体至额定压力
主回路电阻测量	电阻	制造厂应提供产品型式试验时测得的电阻值，应以型式试验实际测量值［指型式试验时（温升试验前）测得的相应电阻值］为基础，其偏差不应超过 ±10%。 制造厂应提供主回路测量区间图，测量结果应使得现场安装后、设施维护或维修期间的测量能够进行对比。 断路器____μΩ；隔离开关____μΩ；接地开关____μΩ；测试区间 1____μΩ；测试区间 2____μΩ；测试区间 3____μΩ

第四节　机 械 试 验

一、机械操作试验

根据 IEC 60694：2002《高压开关设备和控制设备标准的共用技术要求》（High-Voltage Switchgear and Controlgear Standards-Common Specifications） 及 IEC 62271-203：2022《高压开关设备和控制设备　第 203 部分：额定电压 52kV 以上的交流气体绝缘金属封闭开关设备》（High-voltage switchgear and controlgear-Part 203：AC gas-insulated metal-enclosed switchgear for rated voltages above 52kV）的规定，机械试验（见图 4-4）主要包括机械操作试验、机械特性试验。

目的：机械操作试验是为了证明开关装置和可移开部件能完成预定的操作，且机械联锁工作正常。

图 4-4 126kV GIS 机械操作试验

试验方法：试验时主回路不通电，应对开关装置在其操动装置规定的操作电源电压和压力极限范围内的分、合动作的正确性进行验证。

断路器（CB）机械操作试验内容见表 4-2。

表 4-2   CB 机械操作试验内容

控制电压	试验项目
100%	分闸操作 25 次、合闸操作 25 次
	重合闸 5 次
80%（合）	单分、单合 5 次
50%（分）	
120%（分）	单分、单合 5 次
110%（合）	

DS/ES/ 快速接地开关（FES）机械操作试验内容见表 4-3。

表 4-3   DS/ES/FES 机械操作试验内容

控制电压	试验项目
—	单分、单合 3 次
85%	单分、单合 5 次
100%	单分、单合 5 次
110%	单分、单合 5 次

二、机械特性试验

目的：机械特性试验是考核设备在规定条件下，其机械特性参数能否符合产品技术条件的要求。

试验方法：按照 IEC 60694：2002《高压开关设备和控制设备标准的共用技术要求》（High-Voltage Switchgear and Controlgear Standards-Common Specifications）及 IEC 62271-203：2022《高压开关设备和控制设备　第 203 部分：额定电压 52kV 以上的交流气体绝缘金属封闭开关设备》（High-voltage switchgear and controlgear-Part 203：AC gas-insulated metal-enclosed switchgear for rated voltages above 52kV）标准进行，用机械特性测试仪，测量设备分合闸速度、分合闸同期性等特性参数。

判定标准：是否满足产品技术条件的要求。

CB 机械特性的参数说明（126kV GIS 配弹簧机构）。

（1）合闸时间：从合闸回路带电时刻到所有极的触头都接触时刻的时间间隔。

（2）合闸不同期：开关合闸时各极断口间的触头接触瞬间的最大时间差异。

（3）合闸速度：开关合闸过程中的合闸速度，即动触头的平均运动速度，$V_合 = S/T'_c$（其中，$V_合$ 表示合闸速度，m/s；S 表示动触头的行程，即从分闸位置到合闸位置的距离，m；T'_c 表示动触头从分闸位置到合闸位置的运动时间，s）。

分闸的分闸时间、分闸不同期、分闸速度与合闸的参数类似，如图 4-5 和图 4-6 所示。

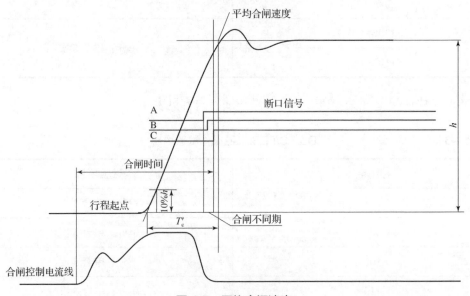

图 4-5　平均合闸速度

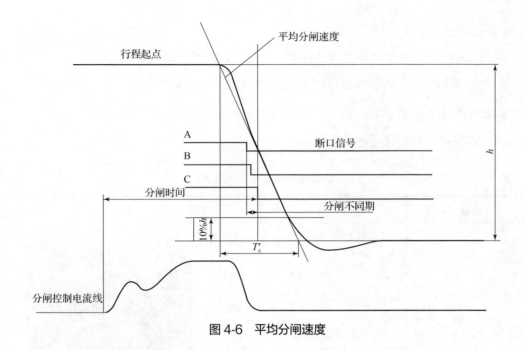

图 4-6　平均分闸速度

DS/ES/FES 机械特性的参数说明：

（1）分 / 合闸时间：电机带电时间。

（2）合闸速度：开关合闸过程中的合闸速度，即动触头的平均运动速度，$V_合 = S/T'_c$。

三、断路器机械试验

目的：确保断路器的机械性能满足设计要求，能够正常、可靠地分合闸。检测断路器在分合闸过程中的行程 - 时间特性、振动信号、线圈电流等关键参数，以评估其性能和状态。及时发现潜在的问题，避免因故障导致的电力事故，延长设备的使用寿命。

试验方法：

（1）行程 - 时间特性监测：通过高性能传感器准确测量断路器的行程和时间参数，如动触头的行程和时间及分、合闸运动所用时间等。

（2）振动信号监测：利用加速度传感器或其他振动监测设备检测断路器在操作过程中产生的振动信号，并分析其频率、幅值等参数。

（3）线圈电流监测：通过测量断路器分合闸线圈中的电流波形、幅值等参数，评估断路器的电气故障或异常状态。

判定标准：

行程 - 时间特性参数应符合设计要求，分合闸时间稳定，无明显偏差。

振动信号的频率、幅值等参数应在正常范围内，无异常波动。

线圈电流中的电流波形、幅值等参数应符合标准要求，无异常现象。

断路器机械试验见证要点见表4-4。

表 4-4   断路器机械试验见证要点

步骤	项目	检查要点
试验准备	SF$_6$达到额定气压，确认触头行程测量仪器的校准情况，检查试验台上测量仪表的校准情况（电流表、电压表、计时器、行程测量仪表等），如图4-7所示	图 4-7　测量仪表校准
操动机构的最大输出（或液压操动机构的最大操作压力）下的机械操作	110%U_n下5次合闸（5C，即5次合闸）。120%U_n下5次分闸（5O，即5次分闸）	能成功分、合闸
操动机构的最小输出（或液压操动机构的最小操作压力）下的机械操作	30%U_n下不分闸	30%U_n下不分闸
	65%（直流）或85%（交流）U_n下5次分闸（5O），85%U_n下5次合闸（5C）	能成功分、合闸
操动机构的额定输出（或液压操动机构的额定操作压力）下的机械操作	200次合分	操作要求与"预机械操作试验"相同，与"预机械操作试验"不重复开展。200次操作检查无异常后再进行其他出厂试验
	5次"分—0.3s—合分"	

续表

步骤	项目	检查要点
行程及开距	对比实测值是否满足厂家要求值 行程____mm；开距____mm；超程____mm	实测值 |	A 相	B 相	C 相
---	---	---	---
行程			
开距			
超程				
额定电压下分合闸时间（ms）	对比实测值是否满足厂家要求值（合闸时间、相间合闸不同期、分闸时间、相间分闸不同期、合—分时间）	
	分—0.3s—合分	分闸时间1、停止（0.3s）、合闸时间、分闸时间2以及两次分闸时间的差值，重合闸二分时间应满足单分要求
	分—0.3s—合分—180s—合分	查看是否适用于技术规范要求
额定电压下分合闸速度（m/s）	对比分、合闸速度实测值是否满足设计要求	
弹簧储能时间	对比弹簧储能时间实测值是否满足设计要求	≤120s
液压机构性能检查	油泵打压时间、储压器预充压力、油泵启动压力、油泵停止压力、额定油压、合闸报警油压、合闸闭锁油压、分闸报警油压、分闸闭锁油压、重合闸闭锁油压、失压防慢分检查	油泵打压时间：____ 储压器预充压力：____ 油泵启动压力：____ 油泵停止压力：____ 额定油压：____ 合闸报警油压：____ 合闸闭锁油压：____ 分闸报警油压：____ 分闸闭锁油压：____ 重合闸闭锁油压：____ 失压防慢分：____
空载行程曲线	分、合闸空载行程曲线	可以与型式试验中的空载行程曲线对比
分合线圈测量	分闸线圈1、分闸线圈2、合闸线圈电阻实测值是否满足设计要求	
	分闸线圈1、分闸线圈2、合闸线圈电流实测值是否满足设计要求	线圈在额定电压下的电流实测值

步骤	项目	检查要点
电机电流测量	启动时（A）	电机处于额定电压下，启动电流约为稳定状态下电流的 5 倍
	稳定状态时（A）	电机处于额定电压下
设备联锁	SF_6 低压闭锁，信号 1	当 SF_6 气压低于报警值时闭锁断路器设备，测量触点 1 的信号功能
	SF_6 低压闭锁，信号 2	当 SF_6 气压低于报警值时闭锁断路器设备，测量触点 2 的信号功能
	防跳装置	防跳装置应能避免断路器在馈线故障情况下反复地分合

四、隔离接地开关机械试验

目的：确保隔离接地开关的机械操作性能满足设计要求，能够正常、可靠地隔离和接地。检测开关在操作过程中是否存在卡滞、松动等机械故障。验证开关的绝缘性能和电气连接性能是否良好。

试验方法：

（1）机械操作性能测试：通过反复操作隔离接地开关，检查其动作是否灵活、顺畅，无卡滞现象。

（2）绝缘性能测试：使用绝缘电阻测试仪测试开关的绝缘电阻，确保其符合标准要求。

（3）电气连接性能测试：检查开关的电气连接部分是否牢固、可靠，无松动、脱落等现象。

判定标准：

（1）隔离接地开关应能够正常、可靠地隔离和接地，无卡滞、松动等机械故障。

（2）绝缘电阻应符合标准要求，无异常降低现象。

（3）电气连接部分应牢固、可靠，无松动、脱落等现象。

隔离接地开关机械试验见证要点见表 4-5。

表 4-5 隔离接地开关机械试验见证要点

步骤	项目	检查要点
试验准备	试验条件	确认触头行程测量仪器的校准情况、用于测量手动分合开关时力矩的传感器或工具、检查试验台上测量仪表的校准情况（电流表、电压表、计时器、行程测量仪表等）
机械操作试验	机械操作试验前、后电阻测量	机械试验前后都需要测量电阻，电阻值差不应超过机械试验前测得电阻值的20%
	200 次 "合—分"	操作要求与 "预机械操作试验" 相同，与 "预机械操作试验" 不重复开展
	操作性能	按以下各种方式进行，至少应达到以下规定的操作次数：手动分、合各 5 次；最低操作电压下分、合各 5 次；最高操作电压下分、合各 5 次；在定操作电压下分、合各 5 次。以上动作应正确、可靠
隔离开关机械特性试验	气体压力	机械特性试验：充入 SF$_6$ 气体至额定压力后，当配电动机构时，应在额定操作电压下进行
	65%U_n 下 5 次分闸（5O）	记录一次合闸和分闸特性
	80%U_n 下 5 次合闸（5C）	记录一次合闸和分闸特性
	手动 "分—合"	测量力矩
	电阻测量	机械试验前后都需要测量电阻，电阻值差不应超过机械试验前测得电阻值的20%
	机械尺寸	主要机械尺寸要求值： 行程____mm；开距____mm
	机械参数	分闸时间____s；合闸时间____s。合闸不同期不大于____ms；分闸不同期不大于____ms
	辅助开关时序	测量操动机构内辅助开关与主触头动作时间的配合情况。应保证，除非隔离开关的动触头分别到达其合闸或分闸位置，否则不应发出合闸和分闸位置指示和位置信号。 合闸信号发出时行程值：____ 分闸信号发出时行程值：____

步骤	项目	检查要点
接地开关：机械性能	气体压力	机械特性试验：充入 SF_6 气体至额定压力后，当配电动机构时，应在额定操作电压下进行
	$65\%U_n$ 下 5 次分闸（5O）	记录一次合闸和分闸特性
	$80\%U_n$ 下 5 次合闸（5C）	记录一次合闸和分闸特性
	手动"分—合"	测量力矩
	机械尺寸	主要机械尺寸要求值： 行程＿＿mm；开距＿＿mm
	机械参数	分闸时间＿＿＿s；合闸时间＿＿＿s。合闸不同期不大于＿＿＿ms；分闸不同期不大于＿＿＿ms
	辅助开关时序	测量操动机构内辅助开关与主触头动作时间的配合情况。应保证，除非隔离开关的动触头分别到达其合闸或分闸位置，否则不应该发出合闸和分闸位置指示和位置信号。 合闸信号发出时行程值：＿＿＿＿ 分闸信号发出时行程值：＿＿＿＿
快速接地开关：机械性能	气体压力	机械特性试验：充入 SF_6 气体至额定压力后，当配电动机构时，应在额定操作电压下进行
	$65\%U_n$ 下 5 次分闸（5O）	记录一次合闸和分闸特性
	$80\%U_n$ 下 5 次合闸（5C）	记录一次合闸和分闸特性
	手动"分—合"	测量力矩
	电阻测量	机械试验前后都需要测量电阻，电阻值差不应超过机械试验前测得电阻值的20%
	机械尺寸	主要机械尺寸要求值： 行程＿＿mm；开距＿＿mm； 超程＿＿mm
	机械参数	分闸时间＿＿＿s；合闸时间＿＿＿ms；合闸不同期＿＿＿ms；合闸速度＿＿＿m/s；分闸速度＿＿＿m/s

续表

步骤	项目	检查要点
	辅助开关时序	测量操动机构内辅助开关与主触头动作时间的配合情况。应保证，除非隔离开关的动触头分别到达其合闸或分闸位置，否则不应该发出合闸和分闸位置指示和位置信号。 合闸信号发出时行程值：____ 分闸信号发出时行程值：____
设备联锁试验（断路器、隔离接地开关、快速接地开关）	当对应的接地开关处于合闸状态时，尝试合闸隔离开关	试操作5次，标准：不应动作
	当对应的快速接地开关处于合闸状态时，尝试合闸隔离开关	试操作5次，标准：不应动作
	当对应的断路器处于合闸状态时，尝试分闸隔离开关	试操作5次，标准：不应动作
	当对应的隔离开关处于合闸状态时，尝试合闸接地开关	试操作5次，标准：不应动作
	当对应的隔离开关处于合闸状态时，尝试合闸快速接地开关	试操作5次，标准：不应动作
	查看是否有挂锁可以锁止接地开关和快速接地开关处于合闸状态	接地开关和快速接地开关应添加挂锁以防误操作

对隔离及接地开关的辅助开关动作时序要求如下：

（1）合闸过程技术要求：在制造厂内控标准（辅助开关动作时刻动触头的插入长度）下，应满足预定连续性要求，即在辅助开关动作时的触头位置下，动触头与静触指能完全可靠接触且能够承载额定电流和额定短路电流。

（2）分闸过程技术要求：辅助开关动作发出时，动触头应在屏蔽罩内，或与屏蔽罩平齐，若暂时不能满足此要求的，应提供辅助开关动作发出时动触头与屏蔽罩的距离，并通过仿真和试验方式证明此时动静触头之间能够承受该电压等级下的100%工频交流耐受电压和雷电冲击电压。

（3）通过测试获取隔离开关、接地开关行程-时间特性曲线来间接计算动作时刻的动触头位置是否满足要求，制造厂应在试验前提供辅助开关动作时动触头位置对应的行程值标准供复核和检查

第五节　气体密封性检查

一、气体密封试验

目的：检测设备的气体泄漏情况是否在标准规定范围，确保设备的密封性能良好。

试验方法：按照 IEC60694：2002《高压开关设备和控制设备标准的共用技术要求》（High-Voltage Switchgear and Controlgear Standards-Common Specifications）执行，采用局部包扎法（见图 4-8）。在正常的周围空气温度下，各气室充以额定压力的 SF_6 气体，用塑料薄膜包扎各密封面，边缘用胶带粘贴密封。塑料薄膜与被试品应保持一定的间隙。包扎 24h 后，用 SF_6 检漏仪测量包容区的气体浓度，一般视试品大小测试 2 ~ 6 点。

判定标准：年漏气率不超过 0.5%。

图 4-8　局部包扎法

气体密封试验见证要点见表 4-6。

表 4-6　　　　　　　　　　　气体密封试验见证要点

步骤	项目	检查要点
试验准备	设备校准	气体探测器灵敏度：1μL/L。 每进行一组试验之前都要对设备进行规范校准

续表

步骤	项目	检查要点
	GIS（H-GIS）中气体要求	查看气体检验报告。 制造厂应明确规定 GIS（H-GIS）中气体的质量和密度要求，并提供更新气体及维持其数量和质量符合要求的必要说明。这些说明应包括气体的纯度、湿度等关键参数，以及如何在设备运行期间保持这些参数的稳定性
	测试条件	GIS 充入 SF_6 气体至额定压力。断路器、隔离开关及接地开关均已完成出厂试验的机械操作试验后才进行 GIS 密封性试验
	试验范围	所有法兰密封面、气体监测系统接头（含备用接头）
检验方法（定量检漏）	局部包扎法	包扎腔内的空间应尽量小，包扎完成时间应标记或记录。 包扎后静置时长最低 24h
气密试验	最大泄漏量。 气密试验装置如图 4-9 所示。	使用探测器探头刺入每个包扎处。SF_6 气体密度大于空气，探测器探头应放置于包扎袋底部 SF_6 的可能富集处。 局部包扎法（适用时）。密封面用塑料薄膜包扎 24h 后才进行测量。使用灵敏度不低于 1×10^{-6}（体积比）的定量检漏仪直接测量包扎腔内 SF_6 气体的浓度，测得的 SF_6 气体含量（体积分数）不大于 15μL/L 为合格  图 4-9 气密试验装置

二、密封试验出现的质量问题

（1）缺陷概况：110kV GIS 的 TV 间隔检漏试验时（见图 4-10），FES 密封面检测结果 115.1μL/L（见图 4-11），检漏结果不符合技术协议相关要求。

图 4-10   检漏试验检测中

图 4-11   FES 密封面检测结果

（2）缺陷隐患或影响：现场漏气超标可能损害人身健康，降低设备绝缘强度，可能导致放电事故。

（3）判定依据：招投标文件、监造作业标准。

（4）技术要求：定量检漏，不能大于 15μL/L。

（5）缺陷原因：查找漏点，发现三工位壳体焊缝处存在泄漏，可能为焊接质量不合格导致。

（6）处理过程：对该三工位壳体进行更换，重新装配后进行气密性复测，试验合格。

（7）整改建议：应加强焊接工艺管控，保证焊缝质量。

第六节   气体湿度测量

目的：检测每个气室的含水量是否达到标准要求，确保气室内 SF_6 气体的纯度，及设备密封性能满足要求，避免因 SF_6 气体水分超标导致设备的灭弧、绝缘性能下降。

试验方法：按照 GB/T 7674—2020《额定电压 72.5kV 及以上气体绝缘金属封闭开关

设备》执行，各气室充入额定压力的 SF$_6$ 气体，静置 24/48h 后，测量各不解体气室 SF$_6$ 气体水分含量。气体湿度测量装置如图 4-12 所示。

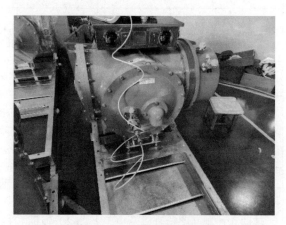

图 4-12　气体湿度测量装置

　　判断标准：GB/T 7674—2020《额定电压 72.5kV 及以上气体绝缘金属封闭开关设备》中规定断路器气室小于或等于 150μL/L，其他气室小于或等于 500μL/L。

第七节　辅助回路及控制回路的绝缘试验

　　根据 IEC 60694：2002《高压开关设备和控制设备标准的共用技术要求》（High-Voltage Switchgear and Controlgear Standards-Common Specifications）中 7.2.4，辅助回路及控制回路在出厂绝缘试验中只进行工频耐受电压试验，试验条件与型式试验一致，试验电压为 1kV，持续时间为 1s。

　　按照 IEC 60694：2002《高压开关设备和控制设备标准的共用技术要求》（High-Voltage Switchgear and Controlgear Standards-Common Specifications）标准进行此试验，并将部分考核条件提高，例如采用 2kV 试验电压，持续时间保持 1min，对 LCP 就地控制柜中的所有二次回路端子对地进行工频耐受电压，来检查有无短路或接地现象发生，保证辅助回路及控制回路的绝缘性能。

　　辅助回路及控制回路的绝缘试验见证要点见表 4-7。

表 4-7   辅助回路及控制回路的绝缘试验见证要点

步骤	项目	检查要点
辅助和控制回路的试验	辅助回路耐受电压试验	电机和电子元件应断开连接。试验电压为 2kV
	辅助和控制回路的功能试验	所有低压回路的功能应进行试验检查
	辅助和控制回路的电击防护检查	应检查辅助和控制回路的安全触及性，如可能应进行接地金属部件的电气连续性检查
	辅助和控制回路检查以及电气回路与接线图一致性检查	（1）应对执行装置、联锁和锁定装置进行检查。（2）辅助和控制回路安装元件是否正确。（3）电线和电缆路径是否正确，线缆接线端子号码是否正确

第八节　电　气　试　验

一、工频耐受电压试验

开关设备和控制设备应该按 IEC 60060-1：2010《高电压试验技术》（EN-FR High-voltage test techniques）的规定承受短时工频耐受电压试验（见图 4-13），对每一试验条件，升到试验电压并保持 1min。GIS 的主回路均应在该状态下进行工频电压试验。

目的：考核产品的绝缘水平，发现被试品的绝缘缺陷。

试验方法：按照 IEC 60060-1：2010《高电压试验技术》（EN-FR High-voltage test techniques）的规定，对每一试验条件，升到试验电压并保持 1min，

图 4-13　GIS 工频耐受电压试验

然后迅速、均匀地降压到零。

判定标准：如果没有发生破坏性放电，则认为该设备通过了该项试验。

耐受电压试验出现的质量问题：

（1）缺陷概况：220kV GIS 的 TV 间隔中（见图 4-14），电压互感器上方的绝缘盆子无法接受交流耐受电压和雷电冲击的考验。

（2）缺陷隐患或影响：无法保证电压互感器上方的绝缘盆子的性能，存在安全运行隐患和风险。

图 4-14　TV 间隔示意

（3）判定依据：中国南方电网有限责任公司《110kV~500kV 组合电器（GIS 和 H-GIS）技术规范书（通用部分）》。

（4）技术要求：主回路的绝缘试验应在完整间隔上进行。电压互感器、避雷器等外购件应提供相应的出厂试验报告。

（5）缺陷原因：电压互感器位于三工位隔离接地开关（DES1）下方，由于电压互感器的绝缘特性决定其不能承受交流耐受电压和雷电冲击的考验，故在进行主回路绝缘试验时只能将三工位开关切至接地状态，因此导致电压互感器上方的绝缘盆子不能接受交流耐受电压和雷电冲击的考验。

（6）处理过程：车间重新返装测量保护设备（VT）连接处，三工位隔离接地开关下方绝缘盆子装配试验屏蔽头，将三工位隔离接地开关切至合闸状态，使得该盆子可以接受耐受电压和雷电试验，如图 4-15 和图 4-16 所示。

（7）整改建议：加强风险管控，严格按照技术协议进行出厂试验。

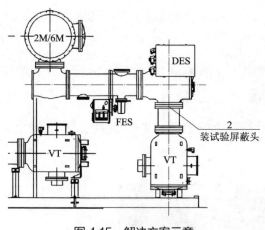

图 4-15　解决方案示意

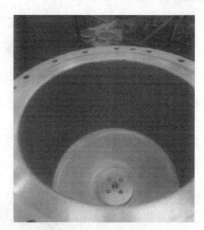

图 4-16　安装屏蔽头

二、局部放电试验

目的：发现设备在结构和制造工艺中存在的潜在绝缘缺陷，确保设备的绝缘性能。

试验方法：试验时，按照 IEC 62271-203：2022《高压开关设备和控制设备》（High-voltage switchgear and controlgear）执行，外施工频电压升高到预加值，该预加值等于工频耐受电压并保持在该值 1min。在这个期间出现的局部放电不予考虑，然后电压降到 IEC 62271-203：2022《高压开关设备和控制设备》（High-voltage switchgear and controlgear）中 6.2.9.101 部分的规定值，并按 IEC 60270：2015《高压试验技术　局部放电测量》（High-voltage test techniques-Partial discharge measurements）进行测量。电气试验曲线应参考图 4-17 和图 4-18。

判定标准：按照 IEC 62271-203：2022《高压开关设备和控制设备》（High-voltage switchgear and controlgear）规定独立的元件及包含这些元件的分装的局部放电水平不超过 5pC。

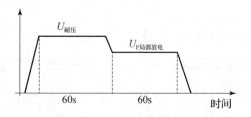

图 4-17　建议电气试验电压曲线

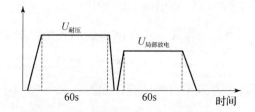

图 4-18　不允许的电气试验电压曲线

三、雷电冲击试验

目的：模拟雷电波的电压波形，考核设备的绝缘强度，确保设备的绝缘性能。

试验方法：试验时应在最低功能气压（闭锁气压），完整间隔上进行。220kV及以上电压等级的GIS（H-GIS）设备应进行负、正极性各3次的雷电冲击耐受试验。按GB/T 16927.1《高电压试验技术　第1部分：一般走义及试验要求》试验波形应为标准雷电冲击电压波形，波前时间1.2μs（1±30%），波后半峰值时间50μs（1±20%）。根据已有的经验，雷电冲击电压的波前时间延长至8μs是可以接受的。50%电压调波形、80%效率核准，100%电压连续3次冲击。

判定标准：如果没有发生破坏性放电，则认为该设备通过了该项试验。

雷电冲击试验见证要点见表4-8。

表4-8 　　　　　　　　　　　　　雷电冲击试验见证要点

步骤	项目	检查要点
试验设备校准检查	试验台、局部放电脉冲发生器、耦合电容或分压器。 试验设备校准如图4-19所示	 图4-19　试验设备校准
接线方式	5种接线方式（见图4-20）	 图4-20　接线方式

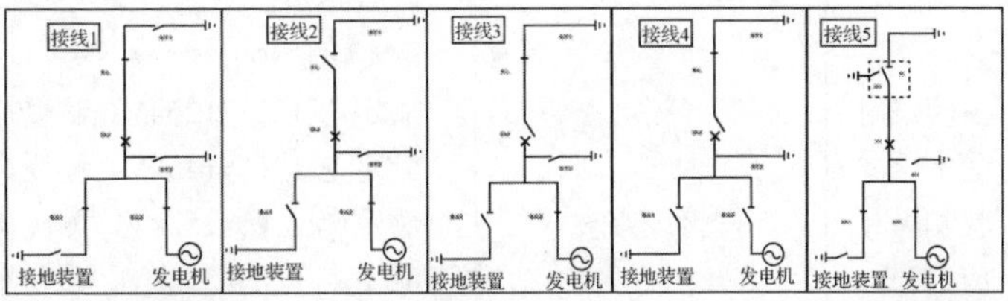

图4-20 接线方式表：

	接地工装 MALT	母线隔离开关SA1	母线隔离开关SA2	接地开关SA1	接地开关SA2	断路器DJ	隔离开关SL	隔离开关SL*	接地工装MALT*
接线方式1	O分闸	C合闸	C合闸	O分闸	O分闸	C合闸	C合闸		
接线方式2	C合闸	O分闸	C合闸	C合闸	C合闸	O分闸	O分闸		
接线方式3	C合闸	O分闸	C合闸	C合闸	C合闸	C合闸	O分闸		
接线方式4	C合闸	O分闸	O分闸	C合闸	C合闸	C合闸	O分闸		
接线方式5	O分闸	C合闸	C合闸	O分闸	O分闸	C合闸		O分闸	C合闸

步骤	项目	检查要点
工频耐压和局部放电试验系统参数	SF₆ 压力为闭锁压力	气体压力应为最低运行压力（闭锁压力），应使用可靠仪表（不可使用产品的气体密度计）现场测量并记录在试验报告上
	耐受电压试验电压值	额定电压 U_r=126kV，耐受电压 U_s=230kV； 额定电压 U_r=145kV，耐受电压 U_s=275kV； 额定电压 U_r=252kV，耐受电压 U_s=460kV； 额定电压 U_r=550kV，耐受电压 U_s=740kV
	局部放电测量时的电压值	局部放电的试验电压不应低于 80% 的工频耐受电压值
	保压时间	局部放电试验紧随耐受电压试验进行。 注意：在耐受电压试验和局部放电试验的衔接阶段，电压不允许降为零
	测量系统校准	（1）检查脉冲发生器的电源是否充足。 （2）注入 5pC。 （3）调节测量系统的增益使仪表读数与注入的脉冲一致（5pC）
	背景噪声	背景噪声应在系统校准后测量，即关闭脉冲发生器后系统的读数。 为测量 5pC 的局部放电值（合同一般要求小于 5pC），背景噪声值不能大于 2.5pC 以保障系统的灵敏度
主回路耐受电压试验和局部放电试验（无间断）	5 种接线方式	试品状态： （1）GIS 内充入 SF₆ 气体，其压力在绝缘用的最低功能压力下进行耐受电压试验。 （2）主回路绝缘试验应在完整间隔上进行。 背景噪声：不能大于 2.5pC。 耐受电压值： 额定电压 U_r=126kV，耐受电压 U_s=230kV； 额定电压 U_r=145kV，耐受电压 U_s=275kV； 额定电压 U_r=252kV，耐受电压 U_s=460kV； 额定电压 U_r=550kV，耐受电压 U_s=740kV。 局部放电测量电压：不低于 80% 的工频耐受电压值。 试验通过的判据：试验过程没发生破坏性放电，一个间隔的放电量不应大于 5pC，则认为试验通过。 注：如发生放电现象，不管是否为自恢复放电，均应解体或开盖彻底检查直至找到放电部位。对发现有绝缘损伤或有闪络痕迹的绝缘部件均应进行更换。如果没有查找到放电点，则应对耐受电压范围内的全部绝缘件进行单件绝缘试验或更换全部绝缘件

续表

步骤	项目	检查要点
雷电冲击试验	5种接线方式	（1）试品状态： 1）GIS 内充入 SF$_6$ 气体，其压力在绝缘用的最低功能压力下进行雷电冲击试验。 2）主回路绝缘试验应在完整间隔上进行。 （2）加压方式： 1）对地、相间（如果每相独立的封闭在金属外壳内的，仅需要进行对地试验，不需要进行相间试验）及分开的开关装置断口间进行。 2）220kV 及以上 GIS（H-GIS）应进行正负极性各 3 次的雷电冲击耐受试验。 3）试验波形应为标准雷电冲击电压波形，波前时间 1.2μs（1±30%），波后半峰值时间 50μs（1±20%）。根据已有的经验，雷电冲击电压的波前时间延长至 8μs 是可以接受的。 （3）试验电压：干试。按 GB/T 7674—2020《额走电压 72.5kV 及以上气体绝缘金属封闭开关设备》表 102、表 103 中规定的数值选取，并符合招投标文件（技术协议）技术要求。 （4）试验程序： 先做负极性的雷电冲击耐受试验：①在 50% 的试验电压下进行试验回路的电压波形调整；②在 80% 的试验电压下加压一次进行试验设备的效率核准；③若试验设备的波形和效率都满足试验要求，对试品连续施加三次 100% 的冲击试验电压。再按负极性方法进行正极性的雷电冲击电压试验。 （5）试验通过的判据：没有发生击穿放电。 注：如发生放电现象，不管是否为自恢复放电，均应解体或开盖彻底检查直至找到放电部位。对发现有绝缘损伤或有闪络痕迹的绝缘部件均应进行更换。如果没有查找到放电点，则应对耐受电压范围内的全部绝缘件进行单件绝缘试验或更换全部绝缘件

第九节　联 锁 试 验

目的：验证各元件间联锁条件是否满足设计图样的要求。

试验方法：按照二次图联锁逻辑操作 CB、DS、ES、FES，要求符合联锁逻辑。以图 4-21 联锁逻辑为例：

（1）图中 M-N 是串联接入 DS11 操作回路，若 M-N 电路不通，则 DS11 不能动作。

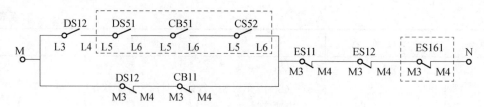

图 4-21 联锁逻辑

（2）图中有两条支路并联，任一条支路通 DS11 便能动作。

（3）上方支路，DS12（L3-L4）是 DS12 的动合辅助触点，DS12 分闸状态下触点为断开状态，ES11（M3-M4）是 ES11 的动断辅助触点，ES11 分闸状态下触点为闭合状态，其他机构开关同理。

（4）虚线框内表示其他间隔的元件的辅助触点，例如 ES161（M3-M4）是指 16 间隔的 ES1 的动断辅助触点，为间隔间联锁关系，其他机构开关同理。

判定标准：各元件间联锁条件满足设计图样的要求。

联锁试验见证要点见表 4-9。

表 4-9   联锁试验见证要点

见证项目	见证内容	招投标文件技术要求
设备联锁试验（断路器、隔离接地开关、快速接地开关）	当对应的接地开关处于合闸状态时，尝试合闸隔离开关	试操作 5 次，标准：不应动作
	当对应的快速接地开关处于合闸状态时，尝试合闸隔离开关	试操作 5 次，标准：不应动作
	当对应的断路器处于合闸状态时，尝试分闸隔离开关	试操作 5 次，标准：不应动作
	当对应的隔离开关处于合闸状态时，尝试合闸接地开关	试操作 5 次，标准：不应动作
	当对应的隔离开关处于合闸状态时，尝试合闸快速接地开关	试操作 5 次，标准：不应动作
	查看是否有挂锁可以锁止接地开关和快速接地开关处于合闸状态	接地开关和快速接地开关应添加挂锁以防误操作

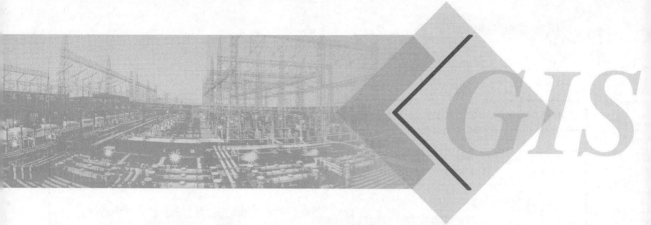

第五章　包装发运见证要点

第一节　包　　装

包装见证要点见表 5-1。

表 5-1　　　　　　　　　　　　　　　包装见证要点

项目	内容	要求
包装方式	运输和储存时长	包装应至少能提供 12 个月的存放期
	是否适用室外存放	建议包装应能适应室外存放
	最高和最低环境温度	应能够适应环境温度变化
包装前准备	检查运输单元外观	如果终检和包装之间间隔时间较长： （1）检查产品外壳是否清洁。 （2）检查油漆是否有划伤或变形。 （3）检查是否有锈蚀现象
	运输单元充微正压	（1）GIS（H-GIS）每个隔室（端部还应用金属盖板封住以便充气）应在密封和充符合标准的微正压（0.02～0.05MPa）的纯度高于 99.99% 的氮气情况下包装、运输和储存，以免潮气侵入。根据工艺要求可能需要气体湿度监控。 （2）气体压力使用气压表监控测量或使用预设的表计监控。 （3）如果间隔到现场后不会打开，检查吸潮剂是否已经安装。 （4）监造人员应使用校准的气压表随机检查运输单元的气压

项目	内容	要求
	保护易损部件	易损部件应该被严格保护（比如气体监测仪器、防爆阀等），以免受到运输中的碰撞和冲击
	保护防潮袋不会碰到产品锋利的边角	产品锋利的边角用发泡材料包裹以防止刺破防潮袋
主要部件包装	包装	运输单元应放置在木板或胶合板制成的木箱中。如果若干部件放在一个木箱中（母线），检查部件是否绑扎牢固不会发生碰撞和损伤
	干燥剂	防潮袋密封前放置好干燥剂，数量取决于包装尺寸、气候条件和总运输 / 储存时长
	金属防潮袋密封	密封前应把袋内空气抽出
木箱上标记和标识		此面朝上
		易损
		保持干燥
		密封包装
		重心
	外箱标识	外箱上应贴有标识。标识应包含以下信息：产品型号、订单号、项目名称、包装清单序号、长宽高和重量等

第二节　发　运

发运见证要点见表5-2。

表 5-2　　　　　　　　　　　　　　　　发运见证要点

项目	内容	要求
发运准备	加速计	除了冲击和振动，在运输过程中还可能发生颠簸、坠落和碰撞，对垂直、水平、跌落和振动的限值应考虑产品特性和运输方式设置，如图 5-1 所示。 GIS（H-GIS）每个运输单元应装有振动指示器（水平方向两块、垂直方向一块）或能连续实时记录的三维冲击记录仪，记录运输过程遭受颠簸的次数与严重程度。运输中如出现冲击不满足厂家要求，产品运至现场应进行开盖检查，必要时可增加试验项目或返厂处理  图 5-1　运输方式设置
	发运清单	检查发运清单，检查项目数量和包装内容物与清单的一致性，如图 5-2 所示 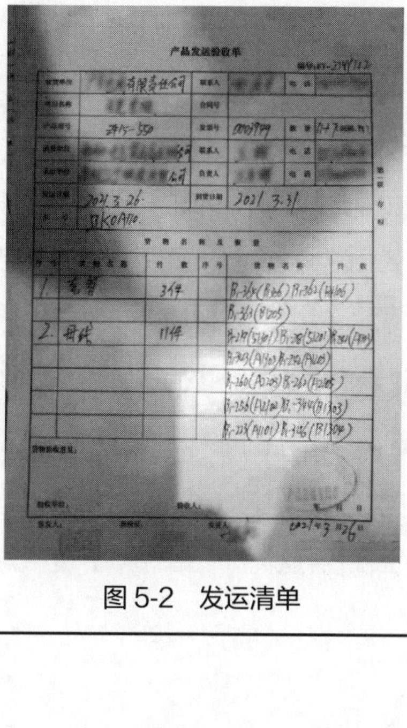 图 5-2　发运清单

第六章　GIS 关键点见证典型案例分析

第一节　镀银层脱落导致设备放电

某 220kV 输变电工程 GIS 设备，因生产过程中产品受钝化液污染，导致断路器灭弧室气缸镀银层脱落，引起断路器在现场交接耐受电压试验过程中发生工频耐受电压放电击穿。

缺陷描述：某工程 220kV 设备现场交接耐受电压试验，对 5M-6M 耐受电压时，通过 3 号主变压器间隔套管加压，AC 相耐受电压通过；B 相升压至 460kV 保压 45s 后发生放电，现场局部放电定位仪显示，某某线 GL 隔离开关、断路器气室定位仪爆灯。

放电部位排查：在变电站现场对该间隔 B 相 GL 气室及静侧 TA 气室使用内窥镜进行了放电点排查，发现疑似放电痕迹，拆解后检查（见图 6-1），确认其为打磨痕迹，并非放电位置。继续对断路器气室进行拆解排查，发现 B 相动触头底部位置存在明显散落的金属颗粒及片状金属，且气缸与中间触头间存在金属片，具体如图 6-1 所示。由于现场条件所限，无法将所有零部件拆解进行全面检查，B 相断路器并未发现明显放电点。

继续拆解动侧 TA 气室进行排查，未发现气室内存在异常，无放电痕迹。再次对断路器气室进行检查，发现气缸上明显的镀银层脱落，同时在断路器罐体内壁发现放电痕迹，已露出气缸铜基材，具体如图 6-2 所示。

于是将该间隔断路器返厂（见图 6-3）进行进一步拆解和相关验证性试验。

图 6-1　交接试验现场拆解图

图 6-2　现场复查断路器气室

图 6-3　断路器返厂后状态

先拆解 B 相静触头，检查静触头表面，无异常，如图 6-4 所示。

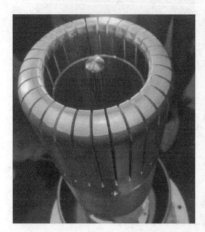

图 6-4　B 相静触头表面状态

B 相罐体拆解，检查罐体内部，除现场发现的放电痕迹外无异常。动触头底部存在散落的金属碎屑，其余无异常，如图 6-5 所示。

图 6-5　罐体及动触头底部情况

继续拆除 B 相动触头与绝缘拉杆连接轴销，拆解动触头，观察动触头表面无异常，气缸表面发现镀银层撕裂、脱落痕迹，如图 6-6 所示。

拔出动侧触头，查看活塞及导向部件，未发现异常，活塞上部也存在脱落的镀银层碎片，如图 6-7 所示。

拆解动侧触头，查看并记录气缸内部编码，如图 6-8 所示。

按照以上步骤拆解 A、C 相，均未发现异常，记录 A、C 相气缸编号，根据编码显示三相批次号一致，为同批次产品（见图 6-9）。

图 6-6　动触头拆解情况

图 6-7　活塞及导向部件

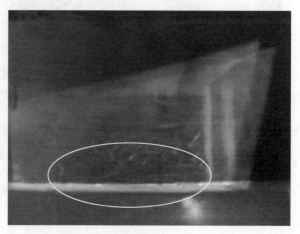

图 6-8　B 相气缸及内部编码

图 6-9　A、C 相拆解检查情况

原因分析及整改：为分析气缸镀银层脱落原因及验证是否存在批次性问题，将无脱落情况的 C 相气缸与 A 相气缸恢复装配，同时装配新气缸替换已出现镀银层脱落的 B 相气缸，装配完成后，A 相触头装配位置不变，C 相触头装配调整至 B 相位置，更换气缸的新 B 相触头调整至原 C 相位置，以排除 B 相磨损与 A、C 相不一致的情况，如图 6-10 所示。

图 6-10 镀层脱落机械操作验证及检查情况

装配完成，先进行 400 次机械操作，操作完成后检查气缸表面镀银层，A、C 相无异常。B 相未发现镀银层脱落情况，罐体底部无新脱落的碎屑，B 相底部存在金属屑，与装配前动侧活塞装配未清理干净相关，其余白色物质为密封胶碎片。

拆解下的 B 相镀银层脱落气缸转电镀车间与随机挑选的新气缸一起进行附着力试验检测。根据标准要求，采用热震试验，将气缸放在工装上，放入烘炉后，升温至 250℃，保温 30min 后，取出零部件放入冷水中急速冷却（按照标准要求，可以放在室温中冷却，为提高试验的苛刻程度，将其放入冷水中速冷）。试验后检查，原镀银层脱落的气缸表面出现明显的气泡，新气缸则无异常，新气缸完成热震试验再进行摩擦试验（利用不锈钢棒进行摩擦），同样未发现异常，如图 6-11 所示。

图 6-11   气缸的热震试验

对气缸前处理工序及镀银工序进行排查，查找气缸镀银层脱落的真正原因。制造厂镀银产线采用全自动设计，人为介入较少。通过排查镀银工艺记录，缺陷生产批次号的气缸工艺记录存在异常，16 号槽位（镀银槽位）落下后再次提起，约 30s 后再次落下。经询问当班操作工，铜件生产线操作人员上线巡检时发现一槽问题批次气缸 7 件正在落入 16 号槽位（镀银槽），其中一件气缸悬挂不牢，未处于竖直状态，操作人员担心两件气缸距离过近引起镀银层厚度不均，遂手动操作行车将其提起，行车上存放一副劳保手套，因急于恢复，其未经检查手套是否洁净，随手佩戴后通过扶梯爬至行车踏板，手提气缸上部将该气缸扶正，过程持续约 30s。操作完成后将该槽零部件重新落入 16 号槽位继续镀银。因其整理过程中用手抓气缸顶部辅助操作，所佩戴手套未经清洗检查，怀疑可能造成局部污染。异常生产记录、模拟操作如图 6-12 和图 6-13 所示。

所属产线	计划编码	计划批次号	计划工位	台号	稳位序号	稳位容积	稳位设定电流	稳位电流密度	入稳时间	出稳时间	实际稳时…	件槽
□ 301	91392	14-301_10_230607		19	1	0	0	0	2023-06-08 17:29:39	2023-06-08 17:30:33	55	7
□ 301	91392	14-301_10_230607		19	2	0	0	0	2023-06-08 17:30:41	2023-06-08 17:31:52	71	7
□ 301	91392	14-301_10_230607		19	3	0	0	0	2023-06-08 17:32:01	2023-06-08 17:32:53	52	7
□ 301	91392	14-301_10_230607		19	4	0	0	0	2023-06-08 17:33:02	2023-06-08 17:34:04	62	7
□ 301	91392	14-301_10_230607		19	5	0	72	0.8	2023-06-08 17:34:13	2023-06-08 17:36:56	163	7
□ 301	91392	14-301_10_230607		19	7	0	0	0	2023-06-08 17:37:10	2023-06-08 17:37:52	42	7
□ 301	91392	14-301_10_230607		19	8	0	0	0	2023-06-08 17:38:02	2023-06-08 17:38:53	51	7
□ 301	91392	14-301_10_230607		19	9	0	0	0	2023-06-08 17:39:01	2023-06-08 17:42:07	186	7
□ 301	91392	14-301_10_230607		19	10	0	72	0.8	2023-06-08 17:42:18	2023-06-08 17:45:18	180	7
□ 301	91392	14-301_10_230607		19	16	0	54	0.6	2023-06-08 17:45:44	2023-06-08 17:46:11	87	7
□ 301	91392	14-301_10_230607		19	19	0	54	0.6	2023-06-08 17:48:42	2023-06-08 19:18:19	5437	7
□ 301	91392	14-301_10_230607		19	18	0	0	0	2023-06-08 19:19:00	2023-06-08 19:19:50	50	7
□ 301	91392	14-301_10_230607		19	19	0	0	0	2023-06-08 19:19:58	2023-06-08 19:21:28	90	7
□ 301	91392	14-301_10_230607		19	20	0	0	0	2023-06-08 19:21:37	2023-06-08 19:23:23	106	7
□ 301	91392	14-301_10_230607		19	21	0	0	0	2023-06-08 19:23:32	2023-06-08 19:24:13	41	7
□ 301	91392	14-301_10_230607		19	22	0	0	0	2023-06-08 19:24:22	2023-06-08 19:26:03	101	7
□ 301	91392	14-301_10_230607		19	23	0	0	0	2023-06-08 19:26:11	2023-06-08 19:27:03	52	7
□ 301	91392	14-301_10_230607		19	24	0	0	0	2023-06-08 19:27:11	2023-06-08 20:33:34	383	7
□ 301	91392	14-301_10_230607		19	25	0	0	0	2023-06-08 20:33:43	2023-06-08 20:52:28	1125	7

图 6-12　生产记录排查

图 6-13　模拟操作

为了验证该过程是否为导致本次气缸镀银层脱落的真正原因，进行了复现试验，具体如下。

一、试验方案

铜件镀银工艺流程为超声波清洗—水洗—酸洗—水洗—钝化—水洗—局部保护—刻形—打磨清理—超声波清洗—水洗—酸洗—水洗—钝化—水洗—活化—水洗—预镀铜—水洗—预镀银—镀银—水洗。根据不合格品气缸镀银层状态、操作异常记录及现场员工调查，按照以下流程复现：

活化前流程采取正常情况，铜件镀银生产线镀铜后至镀银前对零部件表面模拟复现人为污染：沾染污染物的手套触摸零部件表面。后面工序按照正常镀银，镀银后对被污染零部件镀银层进行附着力测试（热震试验），观察表面是否存在起皮起泡现象。

二、试验过程

试验分两个批次，第一批次 4 件，编号依次为 A1、A2、B1、B2，四个零件同槽试验，中途中断生产线行车运行进行污染操作。第一批次试验件试验操作过程见表 6-1，热震试验后气缸效果如图 6-14 所示。

表 6-1 第一批次试验件试验操作过程

编号	操作过程	污染物
A1	预镀铜后使用手套蘸污染液触摸表面	钝化液涮洗水
A2	预镀铜后使用手套蘸污染液触摸表面	钝化液涮洗水
B1	对照件，正常流程操作，未做污染	无
B2	对照件，正常流程操作，未做污染	无

A1   A2   A3

图 6-14 第一批次试验件热震试验后气缸效果

经热震试验，保温 30min 后凉水骤冷，表面状态见表 6-2。

表 6-2　　　　　　　　　　第一批次试验件热震后状态

编号	表面状态
A1	污染位置表面局部起泡, 起泡量较小, 起泡直径约 3mm 以内
A2	污染位置表面局部起泡, 起泡量较小, 起泡直径约 3mm 以内
B1	表面正常, 无起泡现象
B2	表面正常, 无起泡现象

第二批次 7 件, 编号依次为 1~7, 7 个气缸放入同一槽进行试验, 中途中断生产线行车运行进行污染操作, 第二批次验件试验操作过程见表 6-3。

表 6-3　　　　　　　　　　第二批次试验件试验操作过程

编号	操作过程	污染物
1	预镀铜后使用手套蘸污染液按在表面, 手套固定, 未移动	钝化液、水混合液
2	预镀铜后使用手套蘸污染液触摸表面, 手套来回轻微移动	钝化液、水混合液
3	预镀铜后使用手套蘸污染液触摸表面	钝化液、水混合液
4	预镀铜后使用手套蘸污染液触摸表面	钝化液、水混合液
5	对照件, 正常流程操作, 未做污染	无
6	对照件, 正常流程操作, 未做污染	无
7	对照件, 正常流程操作, 未做污染	无

经热震试验, 保温 30min 后凉水骤冷, 第二批次试验件热震后状态见表 6-4, 第二批次试验件热震试验后气缸效果见图 6-15。

表 6-4　　　　　　　　　　第二批次试验件热震后状态

编号	表面状态
1	污染位置大面积起泡
2	污染位置大面积起泡
3	污染位置大面积起泡
4	污染位置大面积起泡
5	表面正常, 无起泡现象

续表

编号	表面状态
6	表面正常，无起泡现象
7	表面正常，无起泡现象

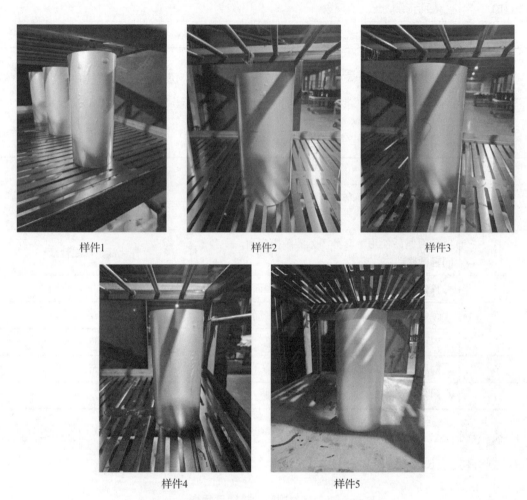

样件1   样件2   样件3

样件4   样件5

图 6-15　第二批次试验件热震试验后气缸效果

接下来开展其他项目的检测：

（1）外观检查：银层去除后基材均呈现不同程度氧化变色。复现件氧化状态与问题件一致，起皮位置为深色氧化状态，向外可局部揭开镀银层，新揭开位置呈铜基体淡红色，继续向外扩展，结合力转好，镀银层无法揭开，也无起皮起泡现象，如图6-16所示。

图 6-16 问题件与复现件状态检查

（2）镀银层厚度检测（采用手持式 X 射线合金分析仪）：镀银层厚度测试情况见表 6-5，均满足大于或等于 20μm 的技术要求。

表 6-5 镀银层厚度测试情况

序号	检测位置	测量值（μm）
1	问题件起皮处厚度	34.814
2	问题件未起皮处厚度	33.452
3	复现件厚度	22.417
4	正常件厚度	25.817

镀银层厚度测试情况如图 6-17 所示。

问题件起皮处

问题件未起皮处

图 6-17 镀银层厚度测试情况（一）

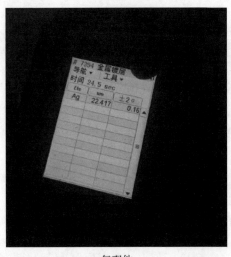
复现件

正常件

图 6-17　镀银层厚度测试情况（二）

（3）镀银层成分分析见表 6-6（手持式 X 射线合金分析仪）。

表 6-6　　　　　　　　　　　　　　镀银层成分分析

序号	检测位置	银含量
1	问题件起皮处外侧	99.22%
2	问题件起皮处里侧	98.90%
3	复现件起皮处	97.49%
4	正常件	98.98%

可以看出，镀银层主要成分均为银和铜，另包含微量其他元素。问题件内外侧成分与复现件成分无明显差别。镀银成分分析如图 6-18 所示。

接下来对复原件开展磨损试验。将 2 件复原件安装在返厂开关上进行 200 次磨损试验，A 相及 C 相采用复原件气缸，其中 A 相采用第二批次样件 1，C 相采用第二批次样件 4，B 相采用之前验证的正常气缸，试验后发现 A 相及 C 相出现脱落，具体如图 6-19 所示。

通过以上试验验证，可得出以下结论：

（1）气缸镀银层按照正常流程生产，无人为干预情况下，附着力良好。

（2）气缸预镀铜后表面受到污染时容易产生附着力不良现象。污染物为涮洗污水时可造成附着力不良，小面积起泡；污染物为钝化液时附着力较差，大面积起皮。

图 6-18 镀银成分分析

经对比第二批复现件与问题件，起皮现象一致，均存在大面积起皮，揭开镀银层后现象一致，基材均存在局部变色发暗发黑，发黑部位可轻松揭开，向外延伸结合力逐渐好转，除受污染位置起皮外，其余位置不起皮，揭不开，结合力良好。且起皮区域严重程度呈污染一侧从上到下降低的趋势，问题件与复现件一致。由此确定污染物为钝化液。气缸在镀银过程中未按照工艺要求执行，受到污染，镀银层附着力下降，但由于检验附着力的热震试验属于抽检项目，在生产车间并未发现该问题。异常气缸流入到总装过程中，同样厂内 200 次磨合试验后，也未出现异常。但随着开关在现场调试过程中的多次动作，镀银层开始撕开，脱落。撕裂的镀银层导致电场畸变，在绝缘试验时，撕裂处形成的尖角对壳体放电，出现本次绝缘试验异常。本次气缸镀银层脱落为工艺操作失误造成的个例质量事件。制造厂应加强生产中的过程监督，增加监控装置，加强过程管控，同时确保生产过程的可追溯性。

图 6-19   复原件磨损试验

第二节　导体尖角毛刺导致设备放电

某 220kV 输变电工程 GIS 设备，因制造过程中工人清洁工艺执行不到位，导致导体存在尖角毛刺缺陷，引起间隔在出厂试验中发生相对地雷电冲击试验放电击穿。

缺陷描述：某工程 220kV GIS 设备出厂试验 C 相整体合闸相对地雷电冲击试验时（见图 6-20），100% 电压下第一次负极性 1036kV 发生放电现象，放电波形图如图 6-21 所示。

图 6-20　设备加压图

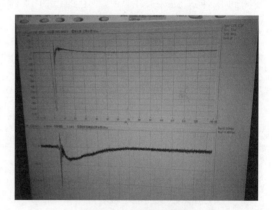

图 6-21　放电波形图

放电部位排查：对该间隔 C 相进行了开盖检查，按照放电排查方案检查步骤进行了上层分支、套管等气室内部检查，在检查上层分支时，发现分支三通壳体内导体和壳体有放电痕迹，放电部位及放电点如图 6-22 和图 6-23 所示，确认放电位置为分支三通壳体内导体对壳体发生对侧放电。

图 6-22　放电部位

原因分析及整改：检查分支壳体内腔不存在铸造凸点或者尖角物的缺陷，不能引起试验放电，从放电痕迹分析说明壳体内腔应不存在放电的缺陷。

检查分支导体表面无划伤痕迹，但有尖角毛刺，从放电痕迹分析，放电应由导体边缘处的尖角毛刺引发。分支内部导体存在尖叫毛刺缺陷的原因如下：一是因该导体铸造

图 6-23　放电点

过程中表面加工、光整度不够，可能存在个别位置凸点或者尖角缺陷；二是原材料检查和装配过程中作业人员对导体清理和检查不彻底，造成有尖角毛刺缺陷的导体流转至成品环节，引起设备出厂试验放电击穿。

因放电部位为可恢复绝缘部件（屏蔽罩、导体及壳体等），可按通用返修作业指导书进行产品返修，对内部导体及壳体内腔放电部位进行轻微打磨及清洁，处理放电痕迹，处理过程控制措施如下：

对放电部位进行处理前，采取防护措施（见图 6-24），防止处理放电点过程中污染周边零部件。做好防护后使用沾有无水乙醇的百洁布对放电部位进行轻微打磨，并用沾有无水乙醇的杜邦纸清洁打磨部位（见图 6-25）。

清理完毕后检查内部导体和壳体，无毛刺和凸点，表面光滑，如图 6-26 所示。

处理完放电点后，对分支内部进行全面清洁处理，使用吸尘器、无水乙醇和杜邦纸进行内部清洁（见图 6-27），确保封盖前气室内部的清洁度。

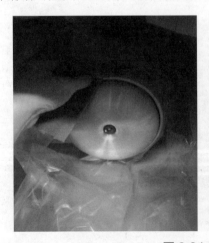

图 6-24　打磨前防护

图 6-25 打磨及清洁

图 6-26 清理后检查

清洁分支气室内部后，对拆卸面盖板进行清洁、复装，装入吸附剂，完成复装后进行气室抽真空和充气，恢复试验状态（见图 6-28）。

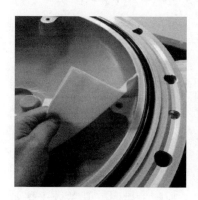

图 6-27 封板清洁复装

图 6-28　恢复试验状态

该间隔复装后，重新进行雷电冲击试验，试验通过。该缺陷主要由导体制造工艺和装配检查不到位造成，要求制造厂对导体、屏蔽罩类零部件，在装配前清理、检查和光整表面，避免表面存在加工刀痕、磕碰划伤的缺陷问题；同时，对屏蔽罩对侧壳体部位进行检查和清理，消除壳体内部尖端、瘤挂等问题引起雷电冲击试验放电。加强作业人员质量意识培训；针对放电缺陷对责任装配班组、装配人员进行现场确认和质量警示教育；强化对生产过程工艺是否执行到位的监督。

第三节　灭弧室内异物导致设备放电

某 500kV 输变电工程 GIS 设备，因断路器灭弧室组装过程中工人清洁工艺执行不到位，导致灭弧室内存在异物，在电场、气流扰动的共同作用下，异物从断路器内部漂移至静侧屏蔽与外壳之间的区域，导致电场畸变，降低了壳体与静侧屏蔽之间的绝缘裕度，投运前充电合闸发生绝缘故障。

缺陷描述：某 500kV 输变电工程 GIS 设备，现场安装完成后，在充电合闸时 B 相母线保护动作，开盖检查，确定为 B 相开关发生绝缘故障。故障发生时，开关处于热备状态，故障部位为断路器机芯侧下拔口附近。

现场检测发现 B 相气室 SO_2 含量为 53.4μL/L，H_2S 含量为 2.3μL/L，其余气室分解物检测无异常。现场开盖检查开关 B 相机芯侧壳体下方有明显的放电烧蚀痕迹，如图 6-29 所示。

壳体放电位置对应的静侧屏蔽表面有烧蚀痕迹，如图 6-30 所示。

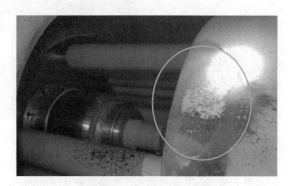

图 6-29　壳体表面烧蚀痕迹　　　　　　图 6-30　屏蔽表面烧蚀痕迹

故障部位为开关气室机芯侧屏蔽与壳体（如图 6-31 中圆圈位置处所示）。

图 6-31　故障开关故障位置示意图

放电部位排查：将故障断路器返厂进行解体，首先拆除断路器两侧盖板，拆除上侧盆式绝缘子。开盖后，对非机芯侧粒子捕捉器表面（白色粉末）、机芯侧屏蔽下方（白色粉末）、机芯侧导体表面（白色粉末）、放电位置（金属屑与黑色产物）、机芯侧屏蔽处（烧蚀产物）取样，进行放电产物成分分析。

检查灭弧室屏蔽与罐体装配的对中质量，对静侧屏蔽至罐体内表面的尺寸 L、静侧屏蔽至粒子捕捉器盖板内表面距离 L_1 进行了测量记录（见图 6-32）。经再次核实图纸尺寸，L 的理论参考值为 193mm，L_1 的理论参考值为 316.7mm，由于零件加工公差和装配误差，允许的公差范围为 ±2.5mm。L 尺寸的测量记录见表 6-7 和表 6-8。

图 6-32　L 尺寸测量位置

表 6-7　　　　　　　　静侧屏蔽至罐体内表面的尺寸 L 测量记录

位置	测量方位	实测值（mm）
机芯侧	左（点 1：屏蔽外侧到图示左侧壳体内侧）	196
	右（点 2：屏蔽外侧到图示右侧壳体内侧）	196
	上（点 3：屏蔽外侧到图示上侧壳体内侧）	196.5
	左下（故障位置）（点 4：屏蔽外侧到图示左下侧壳体内侧）	196
非机芯侧	左（点 1）	196.5
	右（点 2）	196.5
	上（点 3）	196

表 6-8　　　　　　　静侧屏蔽至粒子捕捉器盖板内表面的尺寸 L_1 测量记录

位置	实测值（mm）
机芯侧	317
非机芯侧	314

故障位置的关键尺寸测量符合图纸装配要求，绝缘距离满足设计场强要求，对中较好。

对导电杆螺栓紧固状态进行确认，螺栓紧固标识到位（见图 6-33）。逐步断开断路器机构箱拐臂与直动密封杆连接，打开断路器顶盖，将绝缘拉杆取出；然后再松开绝缘台紧固螺栓，使用专用工装将灭弧室整体退出。用力矩扳手对灭弧室螺栓进行力矩复测，符合工艺要求。拆解过程中检查导电臂上端导体与触头接触、动静触头接触位置、绝缘拉杆，壳体表面均无异常，如图 6-34 所示。

图 6-33　螺栓紧固状态进行确认

图 6-34　导体内腔及绝缘拉杆均无异常

拆解静侧屏蔽，过程中螺纹孔有铝屑产生，擦拭内腔，发现有 2 ~ 3 条铝质丝状物，长度在 4 ~ 5mm，如图 6-35 所示。动侧屏蔽拆解后，未发现异常。

继续拆解，静触头及屏蔽表面光滑无异常，内侧接触位置压痕均匀，表面无异物；喷口、压气缸、动触头表面、绝缘台均无异常，如图 6-36 ~ 图 6-38 所示。

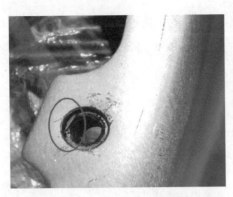

图 6-35　螺纹孔残留丝状金属

图 6-36　静触头及屏蔽

图 6-37　喷口、压气缸、动触头

图 6-38　绝缘台

原因分析及整改：通过电镜图谱分析，放电分解物主要为 F、Al、C 等元素，来源于壳体、屏蔽及油漆。其中 C 元素出现在故障区域壳体侧黑色烧蚀产物中。此故障区域表面存在环氧砖红底漆涂层，其主要成分为：环氧树脂（$C_1H_2O_3$）、防锈颜料、固化剂）。由于故障烧蚀，油漆分解，其环氧树脂分子内的 C 元素在电镜图谱分析中检出，与检测结果吻合。同时，在解体过程中所有绝缘件检查均无异常，综合判定 C 元素来源于壳体表面油漆分解。

车间解体过程中，屏蔽罩拆除后，发现部分螺纹孔位置存在金属铝丝等异物，并对其进行化学成分分析，主要成分均为 Al、Cu、Mg、Si，微量 Mn、Fe 金属元素，近似 2 系铝合金。由于紧固螺钉为钢材质磷化螺钉，被紧固件材质为铝，因此在紧固、拆解过程中会有微量铝屑产生，正常装配紧固后会用吸尘器进行局部清理作业。

对故障部位厂内装配过程试验过程及现场安装及试验过程进行回溯均无异常。于是针对铝质金属丝异物进行仿真电场分析（见图 6-39 ~ 图 6-43）。

（1）异物（长度 6mm 左右，直径 0.4mm）靠近断路器壳体侧。

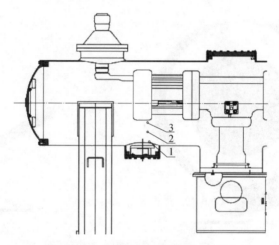

图 6-39　金属异物仿真位置（3 处）

1—异物（长度 6mm 左右，直径 0.4mm）靠近断路器壳体侧；2—异物（长度 6mm 左右，直径 0.4mm）悬在壳体与屏蔽中间；3—异物（长度 6mm 左右，直径 0.4mm）悬在壳体与屏蔽间，靠近屏蔽侧

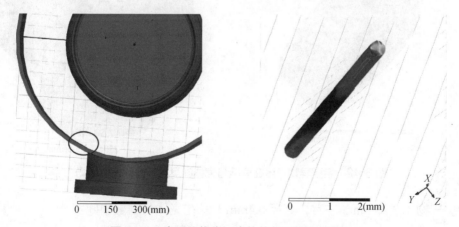

图 6-40　金属异物靠近壳体位置异物表面电场

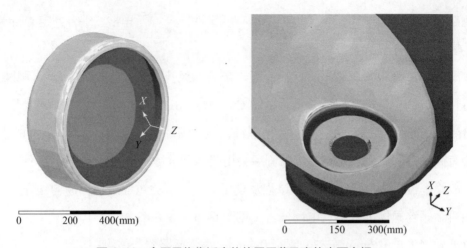

图 6-41　金属异物靠近壳体位置屏蔽及壳体表面电场

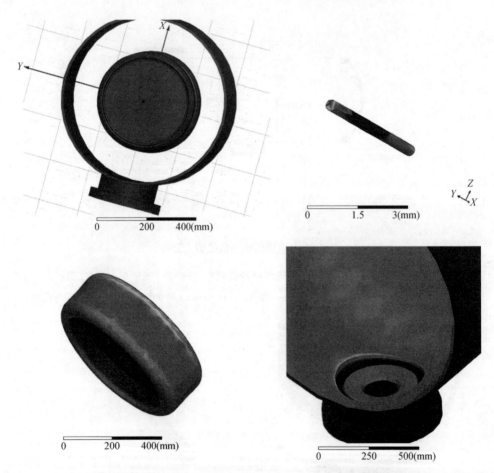

图 6-42　金属异物悬浮在屏蔽与壳体间屏蔽及壳体表面电场

（2）异物（长度 6mm 左右，直径 0.4mm）悬在壳体与屏蔽中间。

（3）异物（长度 6mm 左右，直径 0.4mm）悬在壳体与屏蔽间，靠近屏蔽侧。

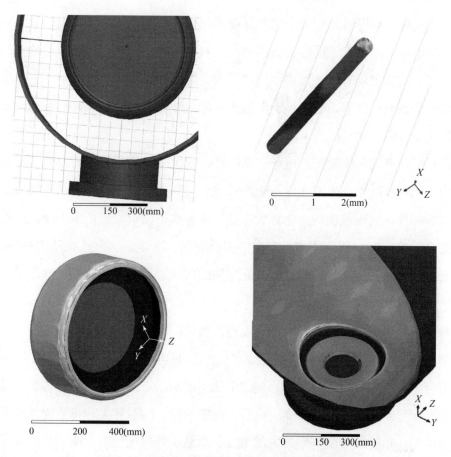

图 6-43 金属异物靠近高压屏蔽及壳体表面电场

异物靠近断路器壳体侧表面电场分析显示，金属异物表面最大电场 55.63kV/mm。屏蔽罩表面最大场强 24.7kV/mm。壳体内表面最大场强 12.3kV/mm（见表 6-9）。

表 6-9　　　　　　　　　　不同位置场强计算值（kV/mm）

异物类型	异物位置	异物表面最大场强	静侧屏蔽最大场强	壳体侧最大场强
金属异物	1	55.63	24.7	12.3
	2	45.5	24.9	13.17
	3	104	24.5	12.55

异物悬在壳体与屏蔽中间表面电场分析显示，金属异物表面最大电场 45.5kV/mm。屏蔽罩表面最大场强 24.9kV/mm。壳体内表面最大场强 13.17kV/mm。

异物靠近高压屏蔽表面电场分析显示，金属异物表面最大电场 104kV/mm。屏蔽罩表面最大场强 24.5kV/mm。壳体内表面最大场强 12.55kV/mm。

根据仿真结果可以看出：由于金属异物的存在，越靠近高压屏蔽侧，最大场强值越大，越容易引起气隙放电。同时，仿真是假设异物在特定部位引起电场的畸变，非特定部位不一定会造成电场畸变，比如金属屏蔽内。但在断路器操作过程中，金属异物在电场、气流扰动共同作用下，异物移动至静侧屏蔽与外壳之间的区域，则可能造成电场畸变，引起气隙击穿。

因此，根据车间解体情况、电场仿真计算，本次故障的直接原因为灭弧室静侧屏蔽罩（机构侧）对断路器壳体发生气隙击穿放电。气隙击穿放电的原因是异物造成的，灭弧室内部零部件在紧固过程中由于拆装作业产生异物，没有彻底清理干净，残存在特定位置。在合闸操作时，断路器本身存在的内部异物，在电场、气流扰动的共同作用下，异物从断路器内部漂移至静侧屏蔽与外壳之间的区域，导致电场畸变，降低了壳体与静侧屏蔽之间的绝缘裕度，发生绝缘故障。

针对装配过程中容易出现异物的风险点，制造厂制定完善工艺管控措施。配置内窥镜，零部件接收前对零部件螺钉孔进行检查。若发现异物存在，则使用吸尘器配合小口径吸管进行清理。螺钉紧固完成后，先逐个使用吸尘器进行异物清理，再整体擦拭，最后标紧固标记。断路器 200 次操作完成后，开盖清理。除对各类螺母紧固位置进行检查外，还要使用内窥镜对静侧屏蔽罩内部下方、静触头外屏蔽上方、喷口、触头等易接异物位置进行仔细检查。

第四节　气室内部悬浮颗粒异物导致设备放电

某 110kV 输变电工程 GIS 设备，因生产环境控制及清洁工艺控制执行不到位，导致气室内存在悬浮颗粒，导致设备在出厂试验中发生工频耐受电压击穿放电。

缺陷描述：某工程 110kV GIS 设备母联间隔离开关三相断口工频耐受电压试验，间隔耐受电压断面图如图 6-44 所示。电压上升到试验电压 14s 后放电击穿。

放电部位排查：对耐受电压对接气室进行气体回收，并将放电间隔从耐受电压工装拆除进行解体检查。点检低位母线三工位主母线右侧面及隔离端绝缘盆及隔离端小绝缘子，未发现放电痕迹，如图 6-45 所示。

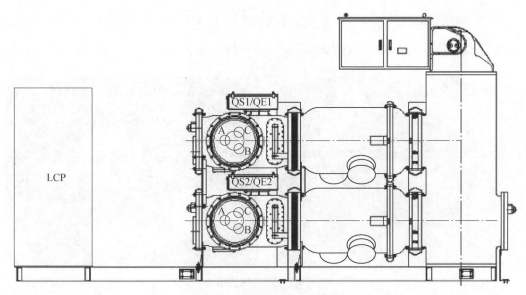

图 6-44 间隔耐受电压断面图

图 6-45 点检低位母线

继续拆解低位母线三工位端部筒体气室，拆分子筛盖板点检主母线绝缘盆左侧面未发现放电痕迹，如图 6-46 所示。

图 6-46 拆分子筛盖板

拆高位母线三工位气室，点检高位母线三工位主母线绝缘子右侧面、隔离端绝缘盆及隔离端相间绝缘子，未发现放电痕迹，如图 6-47 所示。

图 6-47　点检高位母线

拆解断路器气室，拆断路器分子筛盖板点检断路器与 TA 对接处上下两个绝缘子右侧面，确认有无放电痕迹，经解体点检未发现放电痕迹，如图 6-48 所示。

图 6-48　点检断路器与 TA 对接处

从高位 TA 与断路器对接处拆解，点检断路器与 TA 对接处绝缘子左侧面，点检拆解后高位三工位与 TA 对接处绝缘子右侧面；从低位 TA 与断路器对接处拆解，点检断路器与 TA 对接处绝缘子左侧面，点检拆解后低位三工位与 TA 对接处绝缘子右侧面，均未发现放电痕迹，如图 6-49 所示。

机构拆下后将断路器转运到内装间继续进行解体，重点检查断路器三相导体、绝缘拉杆、绝缘支柱及动触头喷口位置，均未发现放电痕迹，如图 6-50 所示。

图 6-49　点检断路器与 TA 对接处绝缘子

图 6-50　断路器拆解和点检

　　原因分析及整改：经过解体后逐一点检所有绝缘盆、导体、断路器绝缘拉杆、绝缘支柱，相间绝缘子等重点零部件，并未发现明显放电痕迹，因此推断放电原因可能为气室内部导体附近因存在悬浮颗粒异物导致空气击穿，即导体附近发生气隙放电。将间隔设备所有绝缘零部件进行更换，严格按照工艺要求对间隔全面清擦，恢复装配并进行了相关的机械特性试验、回路电阻测量、气密和微水试验等相关试验后重新进行工频耐受电压和局部放电测量试验，试验顺利通过。后续制造厂加强车间装配环境控制及清洁工艺控制。

第五节　操动机构设计缺陷导致设备放电

某 220kV 输变电工程 GIS 设备，因制造厂操动机构内部传动设计缺陷，导致隔离开关触头漏出屏蔽罩，引起隔离断口在出厂试验中发生雷电冲击试验放电击穿。

缺陷描述：某工程 220kV GIS 设备母联间隔出厂试验，试验设备外观如图 6-51 所示。设备断口间雷电冲击试验，试验顺序为机构侧隔离断口—断路器断口—机构对侧隔离断口，设备一次接线图如图 6-52 所示。当机构对侧的隔离接地开关隔离断口雷电冲击试验时（三相断口同时进行），该处隔离接地开关发生放电。

图 6-51　试验设备外观

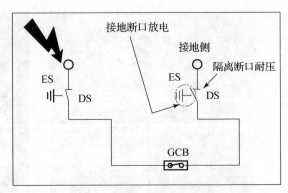

图 6-52　设备一次接线图

雷电冲击绝缘试验放电时隔离开关操作：机构进行接地开关合 - 分操作后，动触杆处于双分位置，如图 6-53 所示。气体压力为 0.45MPa（闭锁气压），放电电压为 –1000kV，波形如图 6-54 所示。

放电部位排查：用试管法对三相隔离接地开关气室内 SF_6 气体进行成分测试，显示 C 相隔离接地开关内部发生放电。打开 C 相隔离接地开关手孔盖，发现 C 相隔离接地开关动触杆的端部和相对应的静侧屏蔽上有放电痕迹（见图 6-55 和图 6-56），其他部位未发现异常。接地侧的动触杆端部存在局部尖角，经测量发现，动触杆伸出屏蔽约 2mm。

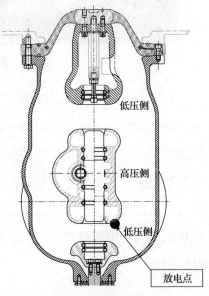

图 6-53　动触杆位置

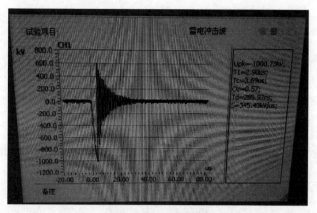

图 6-54 放电波形

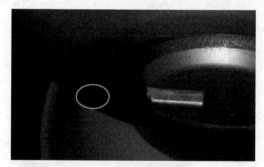

图 6-55 动触杆放电点

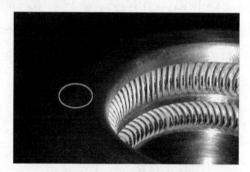

图 6-56 静侧屏蔽放电点

同时对 A、B 两相进行排查，如图 6-57 所示。发现 A 相动触杆圆角局部发黑，相对侧的屏蔽上未发现放电点，测量 A 相动触杆伸出屏蔽约 3mm。B 相未发现放电痕迹，测量 B 相动触杆伸出屏蔽约 1mm。

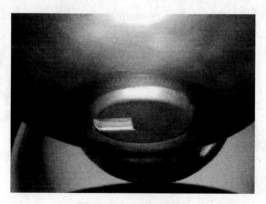

图 6-57 A 相动触杆

原因分析及整改：隔离接地触头设计时，要求考核断口间绝缘设计，隔离接地开关闭锁气压下 0.45MPa（表压），最大场强许可值 E'_m=27.5kV/mm。当动触杆两侧均与屏蔽平齐时，断口间的最大场强均小于许可值，满足设计需要。

本次放电发生在三工位的隔离接地开关接地侧的 C-O 操作后，此时动触杆在朝向 ES 侧伸出屏蔽。当接地侧的动触杆伸出屏蔽 2mm 时，动触杆端部电场强度为 30.7kV/mm，超出设计场强许可值 E'_m =27.5kV/mm。接地侧的动触杆伸出屏蔽是造成本次放电的主要原因，于是对动触杆伸出屏蔽的原因进行排查。

隔离接地开关传动原理：动触杆上安装齿条，本体内齿轮轴与动触杆的齿条啮合，通过绝缘操作杆，将机构输出传递到本体内的齿条上，实现由旋转运动转换为直线运动。根据行程与角度的对应关系，旋转轴每转动 10，对应动触杆实现 3.14mm 直线行程。隔离接地开关内部为三工位结构，通过中心屏蔽导体内动触杆的上下运动，实现隔离开关和接地开关的分合。动触杆长 316mm，屏蔽导体长 329mm，动触杆理论分闸位置为上侧间隙 6mm、下侧间隙 7mm。内部结构如图 6-58 所示。

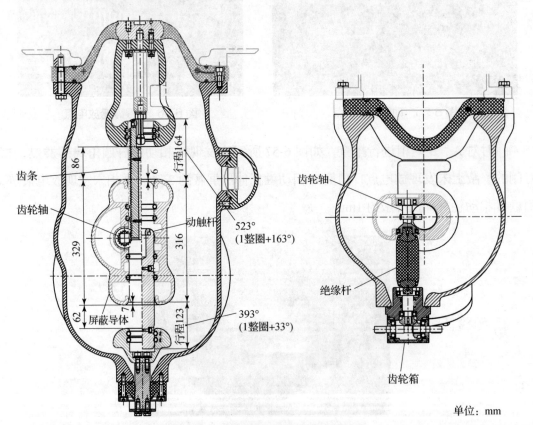

单位：mm

图 6-58 隔离接地开关本体内部结构

隔离开关的操动机构主要由电机、减速装置、间歇齿轮、增速齿轮等重要部件组成。电机经过减速装置减速以后，通过主动间歇齿轮将驱动力传递至从动间歇齿轮。电机的正反向旋转，带动间歇齿轮实现双向运动，实现正反运动。随后通过两级增速齿轮，提高转速，最后经过一对伞齿轮的啮合，将旋转力转换方向到输出轴上，满足机构的输出旋转角度要求。隔离接地开关机构与本体之间通过长杆传动，将机构输出轴的旋转传递到换向齿轮箱。利用换向齿轮箱中一对伞齿轮的啮合，带动齿轮箱两侧的轴旋转，从而带动相间传动杆旋转。相间的传动杆通过接头与本体齿轮箱可靠连接，利用相间传动杆，将角度旋转逐级传递到本体的最远相。

接下来通过对机构传动过程的实测，排查机构传动过程的角度损失。

首先，隔离接地内部传动环节的角度损失。隔离接地开关内部，在 4 个装配环节存在理论间隙，如图 6-59 所示。在隔离接地开关内部从动触杆到外部的换相齿轮轴，角度损失小于 3°。

其次，外部传动环节的角度损失。本体的外部传动环节存在超过 10 余处的键、销及齿轮箱配合，零部件装配完成后因零部件公差配合产生的间隙普遍存在；根据实际测量，由于传动级数不同，外部传动环节的角度损失略有差异。以线路侧为例，从操动机构输出轴到本体最远相角度损失基本上在 14°～19° 之间。

最后，操动机构自身的角度损失：理论设计的机构输出轴旋转角度如图 6-60 所示。要求机构输出顺时针 536°，逆时针 403°。

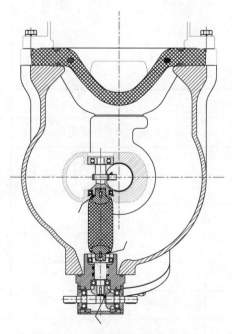

图 6-59　内部传动环节角度损失

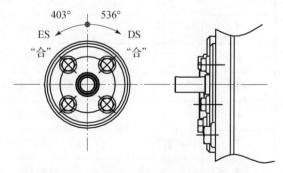

图 6-60　理论设计的机构输出轴旋转角度

对发生放电的三工位机构进行角度损失情况进行实测。在操动机构输出轴处粘贴角度盘，在联轴节上固定指针，测量机构自身角度损失，如图 6-61 所示；在本体最远相的齿轮箱轴上固定角位移传感器，测量外部传动环节角度损失，如图 6-62 所示。

图 6-61　测量机构损失

图 6-62　测量传动损失

在负载状态下，反复进行隔离开关合分 - 接地开关合分的工作循环，测量输出轴旋转角度误差为 35°。对操动机构进行角度损失复查，8 台机构在负载状态下，角度损失的情况统计见表 6-10。

表 6-10　　　　　　　　　　　　　角度损失的情况统计

序号	角度损失	带负载情况	备注
1	22°	13 母联间隔机构对侧	放电间隔更换机构后
2	35°	13 母联间隔机构对侧	放电位置的机构
3	27°	13 母联间隔机构侧	放电间隔旧机构
4	27°	17 线路间隔线路侧	
5	33°	17 线路间隔机构侧	
6	26°	07 线路间隔机构侧	
7	27°	01 预留间隔机构侧	
8	24°	07 线路间隔线路侧	

根据以上测量数据，除两台相对异常的操动机构外，其他机构的角度损失大部分在 25°左右。后经排查确认为异常机构的内部间歇齿轮存在加工缺陷。

隔离开关内部、连杆传动、操动机构三部分角度损失积累后的结果，最终影响内部动触杆的位置，按照隔离开关动触杆两侧最大间隙 13mm 考虑，操动机构输出轴与传动连杆最远相的角度损失超过 41°，将会使触头无法缩回屏蔽。

针对发生放电的隔离接地开关，排查传动环节，发现三工位电动机构的角度损失实测值为 35°，传递到本体的最远相角度损失实测值为 47°，测算对应行程损失约 15mm，超出了 13mm 的最大间隙调整量，造成动触杆伸出屏蔽。因此本次缺陷产生的直接原因是操动机构、传动部件及隔离开关本体累计传动误差（角度损失）过大，造成动触头导杆伸出屏蔽罩发生放电。

后续对该工程其他隔离接地开关进行排查，因传动环节的角度损失为 35°～45.4°，其中 52% 的间隔累计角度损失超过 41°，存在触头无法缩回屏蔽隐患。

制造厂对该缺陷采取以下整改措施：对有缺陷的间歇齿轮等零部件，进行重新更换并通过增大紧固螺栓力矩，并涂抹螺纹防松胶，消除齿轮间的滑动，确保机构损失角度；同时，追加机构出、入厂检查，对旋转输出角度进行确认；缩短动触杆的设计长度，调整动触杆距两端屏蔽间隙，将动触杆两侧距离屏蔽在原有基础上各缩短 3mm，有效降低触头漏出屏蔽罩的风险。动触杆缩短后的样机在第三方权威机构补充机械寿命、机械特性和温升型式试验，验证更改设计后的设备性能。

第六节 试验工装维护缺陷导致设备放电

某 500kV 输变电工程 GIS 设备，因制造厂试验工装维护、保养不到位，导致工装内部存在灰尘、金属屑等杂质，引起断路器单元在出厂试验中发生雷电冲击试验放电击穿。

缺陷描述：某工程 500kV GIS 出厂试验，设备第一串第二间隔 A 相断路器，分闸状态下正极性第二次雷电冲击试验发生放电现象（放电电压 1675kV，全压 1675kV），如图 6-63 所示。

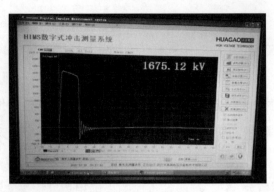

图 6-63 　试验放电过程

　　放电部位排查：对断路器及试验工装进行解体检查，如图 6-64 所示。由于发生放电现象时断路器为分闸状态，根据断路器结构特点，若为产品内部放电，则可能存在的位置为试验变压器至断路器第一个断口前端，需重点检查该位置。现场对 A 相断路器进行了拆解，拆解前先检查断路器罐外部件状态、清理罐体表面灰尘，并用放气阀检查压力，确保罐内气体压力为大气压力，以保证安全拆卸。拆开故障断路器后盖及底盖，通过后盖和底盖孔观察罐内状态，是否存在异常现象。依次拆除设备的操动机构、机构侧盆式绝缘子、防爆装置、支架等罐外部件。

图 6-64 　解体过程

　　拆除完成后，从绝缘盆法兰孔、防爆孔等各部位继续检查罐内零部件状态，重点检查屏蔽罩与罐壁之间是否存在放电痕迹。检查完后将灭弧室取出清理罐口防腐硅脂，在灭弧室后侧屏蔽罩上做位置标识。将断路器竖直吊装在工装上，拆掉罐体与灭弧室螺栓，并用吊绳将灭弧室整体吊出后放在工装上，工装下侧需铺洁净塑料布。使用登高车检查灭弧室零件状态无异常后，拆掉灭弧室屏蔽罩，检查屏蔽罩内外有无异常，并通过目视检查灭弧室零部件状态，包括绝缘筒、主拉杆、均压电容等零部件，对于喷口内可通过使用内窥镜观察，重点检查的部位为第一个断口前端。检查完成后将断路器罐体放倒至水平位置，人员进入罐内检查内壁有无异常（见图6-65）。经上述检查断路器灭弧室本体内部零部件状态正常，未发现放电痕迹。

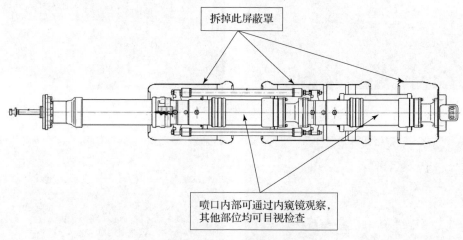

图 6-65　灭弧室检查过程

于是进一步检查冲击变压器试验工装，回收气体后打开各个气室手孔盖、隔离盖板等观察孔，仔细检查绝缘件、导体、罐壁等部位。发现断路器单元试验工装内部导体对罐壁存在放电痕迹（见图6-66），断路器单元试验倒闸工装内部屏蔽罩对绝缘盆存在树枝状沿面放电痕迹。制造厂对工装进行了清理，拆解的断路器清理后复装（见图6-67），抽真空水分处理后充气重新试验（见图6-68）。

原因分析及整改：经分析认为，因制造厂对试验工装维护、保养不到位，导致工装内部存在灰尘、金属屑等杂质，引起断路器单元试验过程中发生放电。

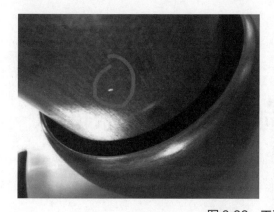

图 6-66　工装放电痕迹

图 6-67　清理后复装

图 6-68　充气后重新试验

制造厂采取以下两点整改措施：

（1）更改试验工装对接口结构，将支撑绝缘子（通盆）改为隔离盆式绝缘子（隔盆），防止试品对接过程中灰尘、金属屑等杂质进入工装罐内。

（2）加强试验工装的清理频率及清理力度，及时清理倒闸工装内部倒闸过程中产生的金属屑等异物，避免引发放电。

第七节　零部件质量问题导致设备微水超标

某 500kV 输变电工程 GIS 设备，因零部件厂家工艺问题，造成零部件水分超标，导致设备出厂试验微水超标。

缺陷描述：某工程 500kV GIS 出厂试验，进行微水测量，发现两个间隔微水超标，且和绝缘试验前比较存在反弹现象。

缺陷部位排查：对该工程 14 个间隔进行微水试验复测，发现 TA 气室微水均超标。重点对 TA 气室零部件开展分析排查，发现除 TA 线圈外，其余零部件均不存在含有水分的问题。随即对该工程同批次未使用的 TA 线圈进行拆解分析，发现 TA 线圈铁芯内部有胶水，经铁芯供应商确认，该批次产品为了防止线圈铁芯移位，使用了胶固定铁芯，如图 6-69 所示。

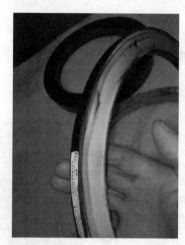

图 6-69　胶固定铁芯

胶中含有水分，绕制线圈时外层会缠绕多层薄膜，胶内部水分封闭在薄膜中很难释放，即使在烘炉内长时间烘烤，仍未全部挥发。组装到设备上后，水分从薄膜内慢慢渗漏到气室内，放置时间越久，水分渗漏越多，导致微水反弹超出标准，造成使用该批次线圈的间隔都存在微水超标的隐患。

原因分析及整改：经过以上分析可判定该工程引起微水超标的原因是铁芯供应商私自更改工艺，造成零部件水分超标，导致该工程所有 TA 气室微水反弹超标。

后续重新采购铁芯，在铁芯到货后进行微水测试，微水值合格后重新绕制线圈。对该工程所有 TA 气室进行拆解，更换线圈，并重新进行微水处理（对微水值进行跟踪测试），将微水值符合技术要求后再进行拆解面检漏，绝缘试验恢复二次布线等相关工作，总装完成后静置 5 天，然后进行微水试验复测，测试合格完成整改。

第八节 外力磕碰导致零部件质量问题

某 110kV 输变电工程 GIS 设备，因生产制造过程中外力磕碰导致零部件质量问题，造成设备投运时发生故障。

缺陷描述：某工程 110kV GIS 设备投运时，断路器启动操作到第五步时，开关合闸后自动脱扣，储能电机空转 0.5min，开关故障，启动暂停。

缺陷部位排查：将现场故障机构分合闸储能弹簧拆除，合闸缓冲及储能轴拆下，检查机构内部凸轮、挚子、扇形板等内部零件。经检查，开关机构储能轴有 2 条螺丝断裂，储能轴棘爪牵引弹簧断裂（见图 6-70），限位块有缺角且 6 根固定螺栓断裂了 4 根。断裂的储能轴棘爪牵引弹簧机及固定螺钉如图 6-71 所示。

图 6-70 断裂的储能轴棘爪牵引弹簧机   图 6-71 限位块缺角且固定螺栓断裂
及固定螺钉

原因分析及整改：

机构内部结构如图 6-72 所示。

机构工作步骤为合闸保持挚子脱扣，凸轮沿顺时针旋转，压到合闸缓冲，合闸缓冲挤压限位块，此时限位块受到的只是挤压的力，该作用力很小（合闸弹簧的力一部分作用力用于压缩分闸弹簧，一部分作用力用于本体合闸），不应把限位块的四根螺栓齐根折断。而储能离合装配（见图 6-73）位置的棘爪弹簧及固定螺钉断裂，导致合闸弹簧储能不到位，造成凸轮反转横向打到合闸缓冲及限位块，由于凸轮反转会将合

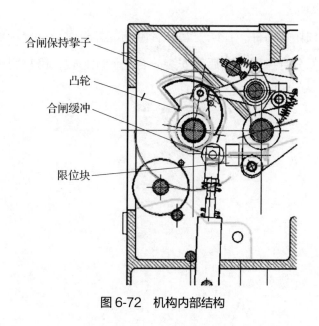

图 6-72　机构内部结构

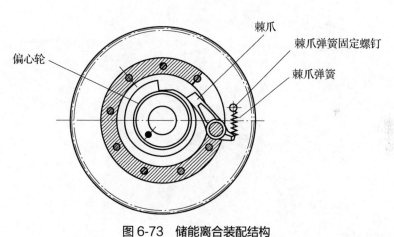

图 6-73　储能离合装配结构

闸弹簧所有的力作用在合闸缓冲及限位块上，此时限位块受力很大，造成限位块四条螺栓折断。

　　该机构在出厂试验中机械特性试验合格，现场交接试验机械特性试验也合格，因此判断不是机构的棘爪弹簧及其定位螺钉本身质量问题；同时，正常工作状态中该处棘爪弹簧及其定位螺钉受力很小，不存在工作过程中受力过大造成断裂，在进行现场机械特性试验时，可能是由于受到异常外力的磕碰，导致棘爪弹簧或其固定螺钉受损，这使得在后续的使用过程中，该部件发生断裂。棘爪与偏心轮之间连接不可靠，棘爪在储能过程中突然脱离，进而造成内部凸轮反转，将合闸弹簧所有的力作用在合闸缓冲及限位块上，将限位块螺钉折断。

更换故障机构损坏零部件，在未安装分合闸储能弹簧时进行分合动作，观察分合位置是否正确，在确保分合位置正确后，安装分合闸储能弹簧，修复完毕该机构后重新进行机械特性试验，试验结果合格。

参 考 文 献

[1] 刘庆林，王琰，杨震涛，等.变压器/组合电器监造技术与应用 [M].北京：文化发展出版社，2022.

[2] 李天辉，曾四鸣，贾伯岩，等.组合电器生产安装质量控制及运维诊断技术 [M].北京：中国电力出版社，2021.

[3] 周文辉.组合电器监造资料管理及总结审查的实践探讨 [J].设备监理，2024，（03）：43-46+61.

[4] 赵晓凤，丘欢，李昭廷，等.组合电器监造缺陷原因与整改措施研究 [J].电工技术，2022，（01）：77-80.

[5] 刘德诚，赵文，刘铎，等.内蒙古电网 GIS 组合电器监造及常见问题分析 [J].设备监理，2021，（06）：8-11+17.

[6] 支淼川，赵景峰，王伟，等.组合电器监理案例分析 [J].科技风，2017，（12）：215.

[7] 崔玲玲，李威，赵胜男，等.气体绝缘金属封闭组合电器漏气缺陷及预防措施 [J].河南科技，2021，40（17）：46-48.

[8] 黄金剑，韦巍，田树军.广西电网 GIS 设备运行缺陷分析 [J].广西电力，2012，35（03）：64-67.

[9] 李洪坤，黄承喜，赖庆春.一起 220kV GIS 局部放电试验异常状况原因分析 [J].电工电气，2022，（09）：34-37.

[10] 严新华.浅析 GIS 组合电器监造程序及要点 [J].城市建设理论研究（电子版），2013（33）.

［11］邵珠雪.GIS 组合电器内部放电诊断试验和原因探讨［J］.电力系统装备，2024（5）：46-48.

［12］倪浩，朱炯.基于监造制度保障及技术手段应用的 GIS 质量提升［J］.上海电力，2015，28（4）：36-38.

［13］张辉，彭济湘.在 GIS 设备监造中发现的典型问题及应对措施［J］.设备监理，2012（3）：34-37.

［14］李岩.三门核电 550kV GIS 设备监造重点分析［J］.东北电力技术，2019，40（5）：39-44.

［15］王流火，吕鸿，卢启付，等.提高 GIS 运行可靠性的措施［J］.广东电力，2014，27（2）：84-86.